国家电网公司
电力科技著作出版项目

柔性直流电网技术丛书

实时仿真与测试

辛业春　主编

中国电力出版社
CHINA ELECTRIC POWER PRESS

内 容 提 要

随着能源系统不断向低碳化转型，风电、光伏等清洁能源发电占比的不断增大，电网的灵活性和可控性需要提升，结构形态也需要随之变化。采用柔性直流输电技术构建而成的直流输电网络，可实现大规模可再生能源的广域互补送出，提高新能源并网能力，是柔性直流输电未来的重要发展趋势。《柔性直流电网技术丛书》共5个分册，从电网控制与保护、换流技术与设备、实时仿真与测试、过电压及电磁环境、高压直流断路器等方面，全面翔实地介绍了柔性直流电网的基础理论、关键技术和核心装备。

本分册为《实时仿真与测试》，共8章，分别为概述、直流电网及其控制保护系统架构、MMC电磁暂态建模与仿真、直流电网机电—电磁暂态混合仿真、直流电网数字物理混合仿真、换流阀控制保护装置数字仿真测试技术、直流电网控制保护装置数字仿真测试技术、全系统控制保护装置联合仿真测试技术。全书基于直流电网及其控制保护系统架构、建模方法、仿真特性等内容，系统论述了柔性直流电网实时仿真与测试技术。

本丛书可供从事高压直流输电、大功率电力电子技术等相关专业的科研、设计、运行人员与输变电工程技术人员在工作中参考使用，也可作为高等院校相关专业师生的参考书。

图书在版编目（CIP）数据

实时仿真与测试/辛业春主编. —北京：中国电力出版社，2021.12
（柔性直流电网技术丛书）
ISBN 978-7-5198-6028-8

Ⅰ. ①实… Ⅱ. ①辛… Ⅲ. ①直流输电–实时仿真②直流输电–测试技术 Ⅳ. ①TM721.1

中国版本图书馆 CIP 数据核字（2021）第 194107 号

出版发行：中国电力出版社
地　　址：北京市东城区北京站西街 19 号（邮政编码 100005）
网　　址：http://www.cepp.sgcc.com.cn
策划编辑：王春娟　赵　杨
责任编辑：高　芬（010-63412717）
责任校对：黄　蓓　朱丽芳
装帧设计：张俊霞
责任印制：石　雷

印　　刷：北京博海升彩色印刷有限公司
版　　次：2021 年 12 月第一版
印　　次：2021 年 12 月北京第一次印刷
开　　本：710 毫米×1000 毫米　16 开本
印　　张：14.25
字　　数：245 千字
印　　数：0001—1000 册
定　　价：88.00 元

进入 21 世纪，能源的清洁低碳转型已经成为全球的共识。党的十九大指出：要加强电网等基础设施网络建设，推进能源生产和消费革命，构建清洁低碳、安全高效的能源体系。2020 年 9 月 22 日，习近平总书记在第七十五届联合国大会上提出了我国"2030 碳达峰、2060 碳中和"的目标。其中，电网在清洁能源低碳转型中发挥着关键和引领作用。但新能源发电占比的快速提升，给电网的安全可靠运行带来了巨大挑战，因此电力系统的发展方式和结构形态需要相应转变。

一方面，大规模可再生能源的接入需要更加灵活的并网方式；另一方面，高比例可再生能源的广域互补和送出也需要电网具备更强的调节能力。柔性直流输电作为 20 世纪末出现的一种新型输电方式，以其高度的可控性和灵活性，在大规模风电并网、大电网柔性互联、大型城市和孤岛供电等领域得到了广泛应用，成为近 20 年来发展速度最快的输电技术。而采用柔性直流输电技术构成直流输电网络，可以将直流输电技术扩展应用到更多的领域，也为未来电网结构形态的变革提供了重要手段。

针对直流电网这一全新的技术领域，2016 年度国家重点研发计划项目"高压大容量柔性直流电网关键技术研究与示范"在世界上首次系统性开展了直流电网关键技术研究和核心装备开发，提出了直流电网构建的技术路线，探索了直流电网的工程应用模式，支撑了张北可再生能源柔性直流电网示范工程（简称张北柔性直流电网工程）建设，为高比例可再生能源并网和输送等问题提供了全新的解决方案。

张北地区有着大量的风电、光伏等可再生能源，但本地消纳能力有限，需实现大规模可再生能源的高效并网和外送。与此同时，北京地区也迫切需要更加清洁绿色的能源供应。为此，国家规划建设了张北柔性直流电网工程。该工程汇集张北地区风电和光伏等可再生能源，同时接入抽水蓄能电站进行功率调节，将所接收的可再生能源 100%送往 2022 年北京冬奥会所有场馆和北京负荷中心。2020 年 6 月 29 日，工程成功投入运行，成为世界上首个并网运行的柔性直流电网工程。这是国际电力领域发展的一个重要里程碑。

为总结和传播"高压大容量柔性直流电网关键技术研究与示范"项目的技术研发及其在张北柔性直流电网工程应用的成果，我们组织编写了《柔性直流电网技术丛书》。丛书共分 5 册，从电网控制与保护、换流技术与设备、实时仿真与测试、过电压及电磁环境、高压直流断路器等方面，全面翔实地介绍了柔性直流电网的相关理论、设备与工程技术。丛书的编写体现科学性，同时注重实用性，希望能够对直流电网领域的研究、设计和工程实践提供借鉴。

在"高压大容量柔性直流电网关键技术研究与示范"项目研究及丛书形成的过程中，国内电力领域的科研单位、高等院校、工程应用单位和出版单位给予了大力的帮助和支持，在此深表感谢。

未来，全球范围内能源领域仍将继续朝着清洁低碳的方向发展，特别是随着我国"碳达峰、碳中和"战略的实施，柔性直流电网技术的应用前景广阔，潜力巨大。相信本丛书将为科研人员、高校师生和工程技术人员的学习提供有益的帮助。但是作为一种全新的电网形态，柔性直流电网在理论、技术、装备、工程等方面仍然处于起步阶段，未来的发展仍然需要继续开展更加深入的研究和探索。

中国工程院院士

全球能源互联网研究院院长

2021 年 12 月

经过 100 多年的发展，电力系统已成为世界上规模最大、结构最复杂的人造系统。但是随着能源系统不断向低碳化转型，风电、光伏等清洁能源发电占比不断增大，电网的灵活性和可控性需要提升，结构形态也需要随之变化。

20 世纪末，随着高压大功率电力电子技术与电网技术的加速融合，出现了电力系统电力电子技术新兴领域，可实现对电力系统电能的灵活变换和控制，推动电网高效传输和柔性化运行，也为电网灵活可控、远距离大容量输电、高效接纳可再生能源提供了新的手段。而柔性直流输电技术的出现，将电力系统电力电子技术的发展和应用推向了更广泛的领域。尤其是采用柔性直流输电技术可以很方便地构建直流电网，使得直流的网络化传输成为可能，从而出现新的电网结构形态。

我国张北地区风电、光伏等可再生能源丰富，但本地消纳能力有限，张北地区需实现多种可再生能源的高效利用，相邻的北京地区也迫切需要清洁能源的供应。为此，国家规划建设了世界上首个柔性直流电网工程——张北可再生能源柔性直流电网示范工程（简称张北柔性直流电网工程），标志着柔性直流电网开始从概念走向实际应用。依托 2016 年度国家重点研发计划项目"高压大容量柔性直流电网关键技术研究与示范"，国内多家科研院所、高等院校和产业单位，针对柔性直流电网的系统构建、核心设备、运行控制、试验测试、工程实施等关键问题开展了大量深入的研究，有力支撑了张北柔性直流电网工程的建设。2020 年 6 月 29 日，工程成功投运，实现了将所接收的新能源 100%外送，并将为 2022 年北京冬奥会提供绿色电能。该工程创造了世界上首个具有网络特性的直流电网工程，世界上首个实现风、光、储多能互补的柔性直流工程，世界上新能源孤岛并网容量最大的柔性直流工程等 12 项世界第一，是实现清洁能源大规模并网、推动能源革命、践行绿色冬奥理念的标志性工程。

依托项目成果和工程实施，项目团队组织编写了《柔性直流电网技术丛书》，详细介绍了在高压大容量柔性直流电网工程技术方面的系列研究成果。丛书共 5

册，包括《电网控制与保护》《换流技术与设备》《实时仿真与测试》《过电压及电磁环境》《高压直流断路器》，涵盖了柔性直流电网的基础理论、关键技术和核心装备等内容。

本分册是《实时仿真与测试》，共分为 8 章。第 1 章阐述直流电网仿真与装备测试面临的问题和采取的主要解决方法；第 2 章介绍直流电网的基本工作原理和系统组成；第 3 章讨论不同拓扑结构的模块化多电平换流器（Modular Multilevel Converter，MMC）电磁暂态建模和仿真方法；第 4 章讨论复杂交直流混联系统机电—电磁混合仿真需要解决的网络划分、外部网络等值和机电—电磁仿真求解计算方法；第 5 章主要讨论直流电网数字物理混合仿真系统构建及仿真接口算法；第 6 章主要讨论换流阀控制保护装置数字仿真测试平台构建方法和装备测试的流程及方法；第 7 章主要讨论直流电网控制保护装置测试平台构建和装备测试方法；第 8 章主要讨论直流电网全系统控制保护装置联合仿真测试流程和测试方法。

本书是国家重点研发计划项目"高压大容量柔性直流电网关键技术研究与示范"、国家自然科学基金联合基金项目"含高比例新能源的交直流受端电网动态稳定分析与协调控制"等项目的研究成果总结。

在本分册的撰写过程中，得到了编写组和课题组研究人员的全力支持。本分册由辛业春统筹写作并进行了统稿、审阅与修改，李国庆、赵成勇、刘栋、汪震、姜涛、乐健等参与了具体的编写工作。许建中、冯谟可、孙银锋、张嵩、王晨轩、江守其、寇龙泽、吴学光、林志光、吴文祥、王华锋、林畅、闫鹤鸣、高路、王威儒、刘先超、王拓、王为超等人也承担了大量的资料查找、校对等工作，在此一并感谢。

本丛书可供从事高压直流输电、大功率电力电子技术等相关专业的科研、设计、运行人员与输变电工程技术人员在工作中参考使用，也可作为高等院校相关专业师生的参考书。由于作者水平有限，书中难免存在疏漏之处，欢迎各位专家和读者给予批评指正。

编　者

2021 年 12 月

Contents　目录

1

概　　述

1.1　直流电网及其仿真技术概况

由多条柔性直流输电线路组成的直流电网是未来电网的一个重要发展方向，能够实现多电源供电、多落点受电，实现高比例可再生能源的可靠接入和大范围能源的互补优化配置。国际大电网会议（International Conference on Large High Voltage Electric System；Conference Internationale des Grands Reseaux Electriques a Haute Tension，CIGRE）组织对直流电网的定义为：由多个网状和辐射状联接的换流器组成的具有直流网孔的能量传输系统。直流电网具有独立的网孔结构，换流站可通过直流线路任意连接，并互为冗余，极大地提高了电能传输的可靠性。

目前，世界各国陆续开展了直流电网工程的规划和建设。欧盟启动了PROMOTION 计划，旨在联合欧洲的企业与研究机构，针对直流电网拓扑和换流技术、直流电网与风电的交互作用、故障保护系统以及高压直流断路器等若干领域进行研究，最终目标是建立一个跨国的海上直流电网平台，汇集欧洲丰富的海上风电资源；美国于 2011 年提出"Grid 2030"计划，将采用先进储能和直流电网技术，构建纵穿东西海岸的骨干网架，以满足新能源电力发展的需求；中国国家电网有限公司建设了世界上第一个直流电网工程（±500kV/3000MW 张北柔性直流工程）。直流电网成为电能传输的重要组成部分。

仿真技术作为电力系统分析的必要手段，历来受到高度重视。由于柔性直流系统内部含有数千个具有独立行为的开关器件，换流器内部存在多形态电流和电压平衡控制问题，导致仿真的计算规模与速度、精度之间的矛盾非常突出。

柔性直流换流器组成直流电网后，电网含有的电力电子器件规模成倍增加。含大量电力电子器件的系统"惯性"极小，导致其动态响应快，故障传播迅速，与交流系统的相互作用非常复杂，从而给仿真带来了严峻的挑战。针对直流电网研究分析需要，分析柔性直流电网与交流电网的相互作用，需要进行机电暂态仿真；如果对换流器、断路器等设备的特性进行分析，需要进行电磁暂态仿真；如果对控制系统进行仿真测试，需要建立控制保护装置的仿真测试平台及测试方法。目前的仿真方法主要有离线数字仿真、实时数字仿真、动态物理模拟仿真、功率硬件在环仿真。

1.2　直流电网数字仿真

1. 离线数字仿真方法

电力系统离线数字仿真是指在数字计算机上为电力系统的物理过程建立数学模型，用数学方法求解，以进行仿真研究的过程。离线数字仿真的仿真速度与实际系统的动态过程不同。根据仿真的目的，电力系统仿真软件所采用的数学模型可以是线性或非线性、定常或时变、连续或离散、集中参数或分布参数、确定性或随机性等，建立数学模型时，往往忽略一些次要因素，因而常常是一个简化的模型。目前，电力系统离线仿真软件，对不同的动态过程采用不同的仿真方法，主要有电磁暂态过程仿真、机电暂态过程仿真和中长期动态过程仿真三种。

直流电网含有大量电力电子元件，数字仿真中对柔性直流输电系统进行数学建模，当系统状态发生改变时，模型等效的微分方程也相应发生变化，并且由于含有大规模开关器件和非线性元件，导致模型阶数庞大，需要根据分析其稳态、暂态特性的需要，建立不同的模型，既要满足较高的仿真精度，同时也要保证仿真效率。常用仿真计算方法主要有开关函数法、状态空间法（state-space techniques）、节点分析法（nodal analysis method）和状态空间节点法（state space nodal，SSN）。

状态空间法是一种使用状态变量对系统内部状态变量与外部输入输出变量进行描述的方法。首先列写由系统结构和参数决定的状态方程和输出方程，再由相应数值解法进行求解。其优点是采用矩阵描述，系统复杂性不会受系统变量的变化影响；作为一种时域方法，适用于计算机系统进行计算。适用于状态空间法的常用仿真软件是 MATLAB/Simulink，主要包含了显式龙格—库塔法和隐式刚性解法。Simulink 库可以进行连续采样、离散采样或混合采样，支持多速率系统，并且提供了多种连续或离散微分方程的求解器，可以对多种时间尺度系统进行仿真，能够很好地满足仿真精度和稳定性的要求，具有很高的适用性。

相对于状态空间法，节点分析法在实现难度和仿真效率方面具有明显优势，实时仿真系统 RTDS 或离线仿真软件 PSCAD/EMTDC、NETOMAC 等就是基于此方法的仿真软件。节点分析法采用梯形法离散化常微分方程，将系统中电容电感元件的差分方程离散成一个诺顿等效电路。

状态空间节点法是将系统模型划分成任意规模的子系统，并将这些子系统分类到不同群组，在每个群组中对子系统采用状态空间法进行求解分析，同时，相关联群组之间则通过节点法进行数据交互，从而实现全部系统的电路仿真求解。

2. 实时数字仿真方法

为了提高仿真效率，以及能够将数字仿真系统与物理仿真系统进行联合，需要数字仿真速度与实际系统动态过程完全相同。实时数字仿真方法是采用实时仿真主机，通过 A/D 和 D/A 转换接口接入控制保护等物理设备进行闭环仿真试验。

目前，国内外的电力系统全数字实时仿真系统主要有加拿大 RTDS 公司出品的 RTDS、OP - RT 公司开发的 RT - lab、加拿大魁北克 TEQSIM 公司开发的 HYPERSIM、法国电力公司（EDF）开发的 ARENE、深圳殷图科技发展有限公司出产的 DDRTS。其中，RTDS 在国内外得到了较为广泛的应用，RT - lab 近些年在柔性直流输电仿真测试中应用较多。

1.3　直流电网动态物理模拟仿真

动态物理模拟仿真是用低压物理器件，依据相似原理构成低电压电力系统模型，实现对真实电力系统稳态和暂态行为的模拟，其物理意义明确，可以精确反映系统运行中的复杂非线性特性，如电力元件的饱和特性、磁滞效应等。柔性直流输电系统对动态物理模拟仿真技术（简称动模）的需求主要来自两个方面：① 动模采用真实的功率器件，能够模拟数字仿真难以复现的工况；② 动模可采用与工程一致的接口设计，能够方便地实现对换流器阀控装置的全功能测试，甚至可以模拟工程现场特有的光纤断线、接口放电等现象。但考虑其设备昂贵、占地面积大、可模拟的系统规模受限等问题，动模应具备可扩展性，能够实现不同直流网架结构和换流器数量的调整，并满足多类型可再生能源与负荷模拟装置的接入需求，以增强平台的适用性及仿真灵活性。

国内外研究机构已开发了多种动模系统，如西门子公司的 13 电平 2MW 动模系统。国内国家电网全球能源互联网研究院有限公司（简称联研院）、国家电网南瑞集团有限公司（简称南瑞）等研究机构较早研发了柔性直流全规模低压动模系统，其中，联研院在 2009 年针对上海南汇柔性直流设计了 49 电平动模仿真系统，后又针对厦门工程设计了双站双极 216 电平动模仿真系统，完成了站控/阀基控制器的全规模和全功能试验，并在 2016 年完成了张北柔性直流工程动模的开发。

1.4 直流电网功率硬件在环仿真

动态物理模拟仿真是用物理器件对真实系统的行为进行仿真，可以准确模拟被仿真系统的各种电磁特性，但是由于扩展性和灵活性较差，无法进行大型交流系统仿真，适用范围有限。实时数字仿真可以灵活地改变系统拓扑，但是数字仿真的模型是基于实际元件简化得来，部分复杂元件模型精细程度不如动模仿真。综合考虑动模仿真和实时数字仿真，兼顾两者优势，建立功率在环的数字物理混合仿真系统，可在保证关键设备准确度的同时提高模型的灵活性。

功率连接型数字物理混合仿真，又称功率硬件在环（power hardware-in-the-loop，PHIL）仿真，是指通过接口将物理动模、控制保护装置以及实时数字仿真器连接形成的混合仿真系统，其可进行电气量的四象限传输，实现阀控装备的全规模测试。同时，实际物理阀模型可以更为清晰地反映阀内部电磁特性而无需考虑模型精细程度，提供更为精确的特性，进而提高其控制保护系统的测试效率。我国的交直流混联系统 PHIL 仿真起步较早，在天广高压直流控制与保护系统测试中，已成功应用实时数字仿真与 HVDC 动模构成的混合仿真系统。

1.5 直流电网控制保护系统组成及测试方法

1. 直流电网控制保护系统组成

控制保护系统是整个柔性直流输电工程的关键，柔性直流电网控制保护系统采用分层分布式架构，分为三个层次：系统监视与控制层、控制保护层、现场 I/O 层。

（1）系统监视与控制层。系统监视与控制层是运行人员进行操作和系统监视的 SCADA 系统，属于运行人员控制系统，按照操作地点的层次划分为：

1）远方调度中心通信层。将换流站交直流系统的运行参数和换流站控制保护系统的相关信息通过通信通道上送远方调度中心，同时，将监控中心的控制保护参数和操作指令传送到换流站控制保护系统。

2）站内运行人员控制层。包括系统服务器、运行人员工作站、工程师工作站、站局域网设备、网络打印机等。其功能是为换流站运行人员提供运行监视和控制操作的界面。通过运行人员控制层设备，运行人员完成包括运行监视、控制操作、故障或异常工况处理、控制保护参数调整等在内的全部运行人员控制任务。

3）就地控制层。通过就地控制屏，完成对应设备的操作控制。

（2）控制保护层。控制保护层设备实现交直流系统的控制和保护功能，一般直流控制保护采用整体设计，包含上层控制级（多换流站协调控制）、换流站级和换流器级控制保护功能。其中，换流站级包括交直流站控系统、换流变压器保护设备等。

（3）现场 I/O 层。主要由分布式 I/O 单元以及有关测控装置构成，作为控制保护层设备与交直流一次系统、换流站辅助系统、站用电设备、阀冷控制保护的接口，现场 I/O 层负责与一次阀单元设备通信，以及通过现场 I/O 层设备对一次开关设备状态和系统运行信息的采集处理、顺序事件记录、信息上传、控制命令输出以及就地连锁控制等功能。

2. 直流电网控制保护系统调试

整个柔性直流输电工程调试重点为控制保护系统调试，难点主要集中在控制装置及控制策略调试。

系统调试主要进行整站功能、性能的测试，包括站系统调试、端对端系统调试、全网系统调试。站系统调试主要验证站控的微机监控系统和顺序控制、空载升压控制、正常起停、静止同步补偿器（Static Synchronous Compensator，STATCOM）控制、换流变压器分接头控制、交流定电压以及定无功控制等功能是否正常，试验内容包括换流变压器充电试验、换流阀充电触发试验、直流场启动试验、带线路自动空载加压试验等。端对端系统调试主要验证组成柔性直流输电工程的全部设备、各分系统以及整个直流输电系统的性能，试验内容包括正常启停试验、双极启停试验、大功率试验、大功率反转试验及单极紧急停运试验、远方遥调试验等。

直流电网及其控制保护系统架构

  直流电网是在点对点直流输电和多端直流输电基础上发展起来的，由一次设备构成直流网孔的能量传输系统。其一次系统主要包括换流器、换流变压器、桥臂电抗器、直流限流装置、直流断路器等设备；二次系统主要包括系统级控制、站控装置和阀级控制保护装置。

  本章主要讲述直流电网控制保护系统架构、换流站级控制保护系统、模块化多电平换流器基本单元工作原理、直流电网控制保护装置。

2.1 直流电网控制保护系统架构

  直流电网中，每个交流系统通过一个换流站与直流电网连接，换流站之间有多条直流线路通过直流断路器连接，当发生故障时，可通过直流断路器选择性切除线路或换流站。直流电网中每个换流站可以单独传输功率，即使一条线路停运，依然可以利用其他线路保证送电可靠。柔性直流输电工程的控制保护系统均按照分层原则设计，直流电网工程推荐采用分层设计原则开展直流电网控制保护系统设计。控制保护系统包括换流阀级控制、换流站级控制和系统级控制。

  柔性直流电网双极控制系统架构如图 2-1 所示。

2.2 换流站级控制保护系统

  换流站控制是在接收系统级控制指令的基础上，对换流阀进行调控。系统级控制包括有功类控制和无功类控制，其中有功类控制量包括有功功率、直流电压、频率，无功类控制量包括无功功率和系统电压。控制系统接收调度中心的有功类控制量整定值和无功类控制量整定值，并将得到的有功类或无功类

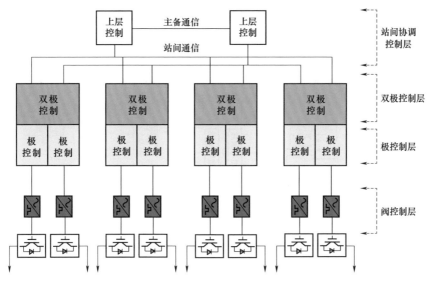

图 2－1　柔性直流电网双极控制系统架构

控制指令作为换流站级控制的输入参考量。针对不同的应用场合，可选取适当的有功类控制和无功类控制策略。直流电网换流站分层控制见图 2－2。

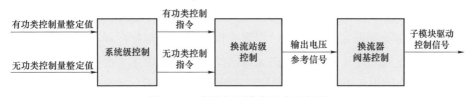

图 2－2　直流电网换流站分层控制

（1）换流站级控制。换流站级控制接收系统级控制的有功类和无功类控制指令，并通过运算得到换流器输出电压的参考信号；换流站级控制根据采取的控制方式不同，给换流器阀基的控制信号也不同。其基本思想都是给定换流器输出侧交流电压的参考值：对于 SPWM 控制方式，输出为调制比和移相角；对于直接电流控制方式，输出为同步旋转坐标系下的直轴电压 u_d 和交轴电压 u_q。

（2）换流器阀基控制。换流器阀基控制根据换流站级控制产生的控制指令，通过适当的调制方式对子模块的运行状态进行控制，实现对 IGBT 的触发控制。

直接电流控制是目前大功率换流器主要采用的控制方式。直接电流控制分为内环电流控制和外环电压控制两部分。两端直流输电的模块化多电平换流器（MMC－HVDC）的控制系统结构如图 2－3 所示。

MMC－HVDC 两端的换流器控制系统结构相同，主要由锁相环（Phase locked

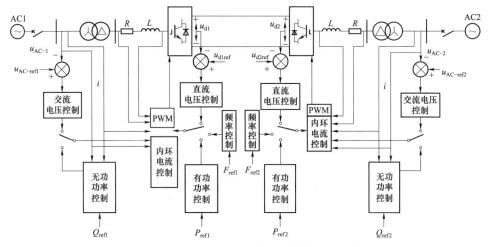

图 2-3 MMC-HVDC 控制系统结构示意图

loop，PLL）、外环控制器、内环控制器以及触发脉冲生成环节组成。常用的外环控制器工作方式有定直流电压控制、定有功功率控制、定无功功率控制、定交流电压控制和定频率控制等。外环控制器跟踪系统及控制器给定的参考信号。为了保持有功功率平衡，系统必须有一端换流器采用定直流电压控制，另一端可采取定有功功率或定频率控制；同时，根据控制目标，可以选取定交流系统电压控制和定无功功率控制。在向无源网络供电时，由于无源网络没有电源，一般采取定交流电压控制。控制系统框图如图 2-4 所示。

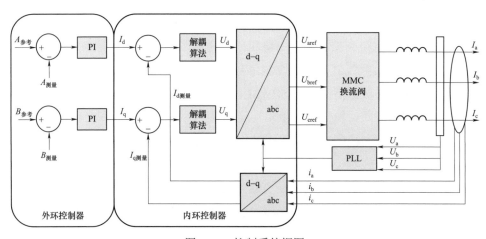

图 2-4 控制系统框图

2.3 MMC 基本单元工作原理

模块化多电平换流器（Modular Multilevel Converter，MMC）基本结构如图 2–5 所示，换流器由三相上、下共 6 个桥臂组成，每个桥臂由 N 个子模块（sub module，SM）和一个桥臂电抗器 L 构成。子模块是 MMC 的基本单元，通过其工作状态变化来改变桥臂的电压。桥臂电抗器主要作用是抑制各桥臂直流电压瞬时值不相等导致的桥臂间环流、抑制直流母线短路故障时产生的冲击电流。

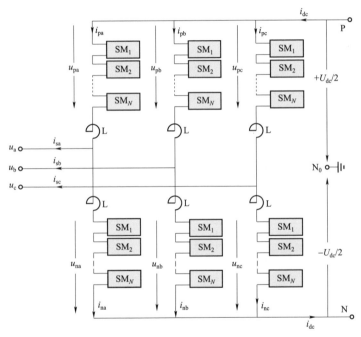

图 2–5　模块化多电平换流器（MMC）基本结构

U_{dc}、i_{dc}—换流器直流侧电压和电流；u_{pi}、u_{ni}（$i=a$，b，c）—换流器三相上桥臂、下桥臂电压；
i_{pi}、i_{ni}（$i=a$，b，c）—换流器三相上桥臂、下桥臂电流；i_{sa}、i_{sb}、i_{sc}—换流器交流侧三相电流，
u_a、u_b、u_c—换流器交流侧三相电压

2.3.1　子模块拓扑结构及数学模型

MMC 子模块采用半 H 桥拓扑结构，其基本结构如图 2–6 所示。

每个子模块由储能电容和一个半桥单元组成，主要包括两个电压源型功率器件 T1、T2 和直流电容器 C，D1、D2 为功率器件内部的反并联二极管。

子模块电压 u_{sm} 由子模块的工作状态决定，当子模块处于投入状态时，子模块的电容经过 T1 串接在桥臂中，子模块电压为电容电压 u_c；当子模块处于切除

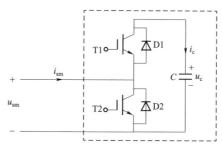

图 2-6 半 H 桥子模块基本结构

u_{sm}、i_{sm}—子模块电压和电流，u_c、i_c—子模块电容电压和电流

状态时，电容被 T2 旁路，子模块电压为 0。子模块电容电压可用开关函数进行描述

$$u_{sm}=Su_c \qquad\qquad (2-1)$$

式中：S 为开关状态函数，由子模块上下两个功率器件的开关状态决定。子模块工作状态如表 2-1 所示。

表 2-1 子 模 块 工 作 状 态

序号	T1 状态	T2 状态	S	子模块工作状态	桥臂电流	子模块电容状态
1	关断	关断	1	闭锁	$i_{sm}>0$	电容充电
2	关断	关断	0	闭锁	$i_{sm}<0$	旁路
3	导通	关断	1	投入	$i_{sm}>0$	电容充电
4	导通	关断	1	投入	$i_{sm}<0$	电容放电
5	关断	导通	0	切除	$i_{sm}>0$	旁路
6	关断	导通	0	切除	$i_{sm}<0$	旁路

子模块不同工作状态下电路导通路径示意图如图 2-7 所示，子模块电容的充放电状态由子模块工作状态和桥臂电流方向共同决定。子模块工作状态与电容充放电之间的关系，是子模块投切分配和电容电压均衡控制的基础，在第 3 章中将对子模块电容电压均衡控制进行详细介绍。

2.3.2 三相MMC数学模型

为了建立模块化多电平换流器的数学模型，对其进行简化和等效，三相结构相同，给出其中一相电容的子模块工作示意图，MMC 中半 H 桥子模块等效电路示意图如图 2-8 所示。首先，按照式（2-1）子模块达到的功能，将功率器件等效为理想开关器件，功能为将子模块电容投入桥臂或将电容旁路；其次，忽略桥臂电抗器的动态过程，桥臂电压为该桥臂所有投入子模块电压总和。

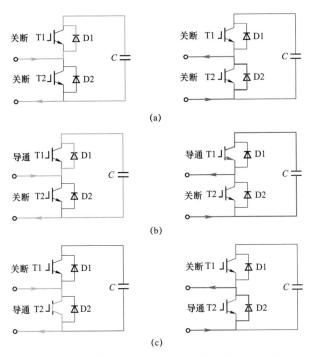

图 2-7 子模块不同工作状态下电路导通路径示意图

（a）闭锁；（b）投入；（c）切除

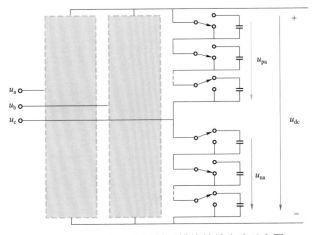

图 2-8 MMC 中半 H 桥子模块等效电路示意图

正常运行时，三相 MMC 需要满足以下两个条件：

（1）维持换流器直流侧电压恒定。为了使直流侧电压恒定，在假定子模块电容电压得到均衡控制且恒定的情况下，需要每相桥臂投入的子模块总数量保持不变；如果不计及冗余，则每相投入的子模块数量为 N 个。

（2）交流侧输出三相正弦交流电压。通过对三个相单元上下桥臂子模块的投入、切除数量进行控制，达到对其交流侧电压的调制，使交流侧输出的电压为三相正弦交流电压。

以图 2-8 中一相为例，设上桥臂投入的子模块数量为 N_p，下桥臂投入的子模块数量为 N_n；假设子模块电容电压得到均衡控制，每个子模块电容电压为 U_{C0}，则运行时桥臂投入的子模块数量需要满足以下关系

$$N=N_p+N_n \tag{2-2}$$

换流器直流电压 U_{dc} 与子模块电容电压 U_{C0} 关系为

$$U_{dc}=N\,U_{C0} \tag{2-3}$$

交流侧电压与桥臂电压关系为

$$\begin{cases} u_a = -u_{pa} + u_{dc}/2 \\ u_a = u_{na} - u_{dc}/2 \end{cases} \tag{2-4}$$

对式（2-4）进行整理，可得

$$u_a = (u_{na} - u_{pa})/2 \tag{2-5}$$

桥壁电压控制示意图如图 2-9 所示，其中，图 2-9（a）为换流器交流侧电

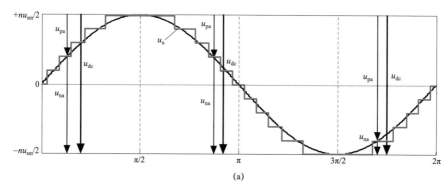

(a)

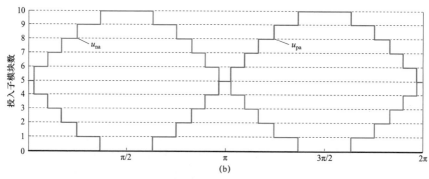

(b)

图 2-9 桥臂电压控制示意图

（a）换流器交流侧电压、上下桥臂电压与直流电压对应关系示意图；

（b）11 电平换流器上下桥臂电压与投入子模块数量关系示意图

压 u_a、上桥臂电压 u_{pa}、下桥臂电压 u_{na} 与直流电压 u_{dc} 对应关系示意图；图 2-9（b）为以每个桥臂子模块数量为 10 的 11 电平换流器为例，上下桥臂电压与投入子模块数量关系示意图。

2.4 直流电网控制保护装置

2.4.1 换流阀基控制装置

换流阀基控制（VBC）主要实现阀臂的控制、保护、监测及与外界的通信功能。具体包括：

（1）调制。需要将上层极控制保护系统（pole control & protection，PCP）发来的桥臂电压参考值根据子模块额定电压转化为投入的子模块数目，并使实际输出电压实时跟随参考电压。

（2）电流平衡控制。加入电流平衡控制算法，通过对桥臂电压进行修正，从而抑制上下桥臂、相间的环流。

（3）电压平衡控制。根据投入电平数目，确定上下桥臂各自投入的模块，对子模块状态进行分类汇总，对可进行投入或切除的子模块电容电压大小进行排序，根据实际电流方向，对不同的子模块进行投切控制，确保子模块电容电压维持在一个合理的范围。

（4）阀保护功能。包括子模块保护和全局保护动作，根据子模块回报的状态信息，进行故障判断，并根据故障等级进行相应的处理，不发生误动作；根据桥臂全光纤电流互感器（简称光 TA）的桥臂电流信息，实现桥臂的过电流保护。

（5）阀监视功能。对阀的状态进行监视，如果有故障或者异常状态出现，以事件的形式上报后台进行处理。

（6）通信功能。与上层 PCP 实现高级数据链路控制通信，与子模块控制器（SMC）实现异步串行通信；此外，还有 GPS 通信接口、光 TA 接口等。

（7）自监视功能。各单元内部相互监视，完成系统内部故障检测，发现故障，则根据故障程度切换系统或者跳闸。

阀基控制器架构示意图如图 2-10 所示，实现对一个桥臂所有子模块的控制。阀基控制系统可划分为人机接口、电流控制单元、桥臂控制单元（包括桥臂汇总控制单元和桥臂分段控制单元）、阀监视单元、电流电压采集单元、开关量输入输出单元和电流变化率采集单元。

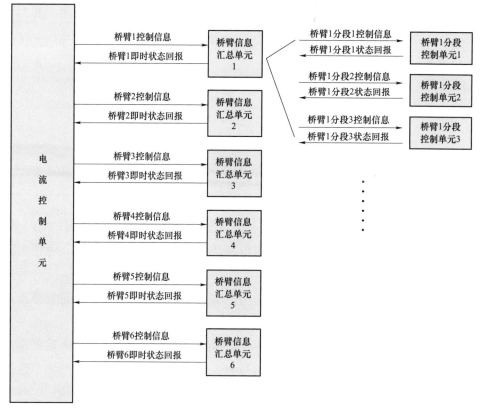

图 2-10 阀基控制器架构示意图

2.4.2 换流站级控制装置

换流站的基本控制策略在极控制层实现，极控制层是电压源换流器控制的核心，极控制层接收双极控制层的指令信号，根据控制模式分别对换流站的有功类控制量（有功功率、直流电压或电网频率）和无功类控制量（无功功率或交流母线电压）进行控制，并将本极有关运行信息反馈给双极控制层。极控制有多种实现方式，如直接控制（Direct Control）、矢量控制（Vector Control）等。极控制通常采用双环控制，即外环电流控制和内环电流控制。

控制系统总体结构示意图如图 2-11 所示。

2.4.3 交直流侧继电保护装置

柔性直流输电系统的继电保护装置采用分区重叠配置的原则。通常，根据直流输电系统的分区不同，分区互联装置继电保护可分为交流区保护、变压器区保护、阀区保护和直流区保护。继电保护分区配置示意图如图 2-12 所示。

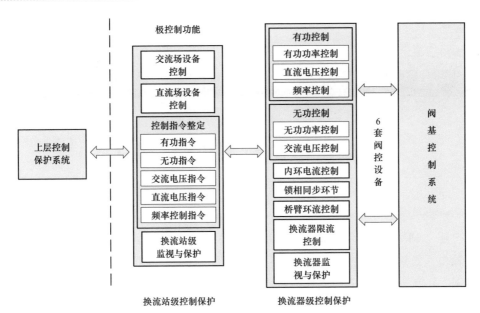

图 2－11　控制系统总体结构示意图

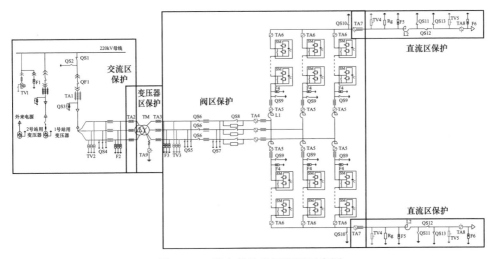

图 2－12　继电保护分区配置示意图

交流区保护主要配置交流欠电压、交流过电压、交流频率等保护。

变压器区保护主要包括差动保护、零序保护、过电流保护等。

阀区保护主要包括交流母线差动保护、阀差动保护、站内交流短引线差动保护、交流过流保护等。

直流区保护主要包括直流过电压、直流低电压、极差动、中性线开路等保护。

3

MMC 电磁暂态建模与仿真

建立 MMC 的数学和仿真模型能反映换流器的一般运行规律,对研究柔性直流输电系统运行特性、选取主电路参数以及设计控制保护系统具有重要的指导作用。开展 MMC 电磁暂态建模方法的研究,在保证仿真精度的前提下,研究提高 MMC 仿真效率的理论和方法,提出适用于不同应用场景的 MMC 高效仿真模型,具有重要的理论和工程意义。

为满足未来不断涌现的新型换流器的仿真需求,大幅提高采用新拓扑的直流电网仿真效率,本章首先从半桥 MMC 和全桥 MMC 等效建模的角度出发,依次介绍了经典戴维南等效模型、基于后退欧拉法的戴维南等效整体模型和基于梯形积分法的戴维南等效整体模型,通过精度验证和 CPU 仿真时间对比,分别对仿真精度、仿真效率进行详细分析,给出不同建模方法的适用场景;然后,阐述了单端口子模块 MMC 的电磁暂态通用建模方法,通过仿真分析模型的准确性以及模拟稳态和交直流严重故障能力;最后,在任意换流器拓扑快速自动识别方法的基础上,提出了一种对单端口 MMC 具备兼容性的通用等效建模方法,能够在对外部等效的同时完整保留桥臂内部的电容电压和电流信息。

3.1 半桥 MMC 等效建模

3.1.1 经典戴维南等效模型

加拿大工程院院士、曼尼托巴大学 Ani. Gole 教授研究团队在世界上首次提出的基于戴维南等效原理的 MMC 模型,为 MMC 建模方法的研究奠定了坚实的理论基础,开创了 MMC 高精度与高效率并重的建模研究新领域,其建模思想也被 MMC 离线和实时电磁暂态仿真建模领域广泛认可和应用。MMC 戴维南等效模型兼具仿真精度和计算效率都较高的特点,实现了模型的计算复杂度与仿真规模的线性增长。

目前大多数的电磁暂态仿真工具采用的 MMC 高效模型是经典戴维南等效模型，该等效模型的目标是对 MMC 各桥臂进行戴维南等效，其核心内容是建立单个子模块的戴维南等效模型后进行代数叠加。半桥 MMC 子模块等效如图 3-1 所示。图 3-1（a）中每个 IGBT 开关组（即一个 IGBT 和一个二极管的并联）可以看作在高、低电阻值间切换的可变电阻。当开关组导通时，电阻值等于 R_{ON}（通态电阻）；当开关组关断时，电阻值等于 R_{OFF}（断态电阻）。R_1 和 R_2 分别表示子模块中上、下两个开关组的等效电阻，它们均根据自身开关状态决定阻值为 R_{ON} 或 R_{OFF}，其开关状态由 MMC 的底层调制及均压控制器决定。由于子模块级联，流入子模块的电流 i_{sm} 等于桥臂电流 i_{arm}。

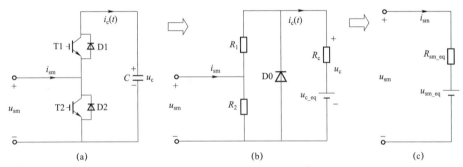

图 3-1 半桥 MMC 子模块等效
（a）电路结构；（b）伴随电路；（c）戴维南等效电路

除了对 IGBT 开关组等效外，对子模块进行戴维南等效还必须将子模块中的电容进行离散化，使其可以应用于电磁暂态仿真。采用应用较广泛的梯形积分法（Trapezoidal Rule，TR）对电容进行离散化可得每个子模块的伴随电路，如图 3-1（b）所示，二极管 D0 是为了在等效模型中体现 MMC 详细模型中子模块电压不会出现负值的特点（否则 D1 和 D2 将迅速导通对其放电），在建模过程中可以使用"if"判断语句实现。图 3-1（b）中，戴维南等效电阻 R_c 和等效电压 u_{c_eq} 整体等效电容子模块电容 C，它们的值均是时间的函数，如式（3-1）和式（3-2）所示。电容电流 $i_c(t)$ 由式（3-3）计算而得，它用于在每个仿真步长中反解更新子模块电容电压。公式中上标"T"表示在伴随电路的构造过程中使用了梯形积分法

$$R_c^T = \frac{\Delta T}{2C} \tag{3-1}$$

$$u_{c\_eq}^{T}(t-\Delta T) = u_{c}^{T}(t-\Delta T) + R_{c}^{T}i_{c}(t-\Delta T) \tag{3-2}$$

$$i_{c}(t) = \frac{i_{arm}(t)R_{2} - u_{c\_eq}(t-\Delta T)}{R_{1} + R_{2} + R_{c}^{T}} \tag{3-3}$$

将图 3-1（b）转化为如图 3-1（c）所示的子模块戴维南等效电路，等效参数 R_{sm_eq} 和 u_{sm_eq} 由式（3-4）和式（3-5）可得。其中，R_{1} 和 R_{2} 均为随开关状态变化的变量，因此 R_{sm_eq} 也为时变量

$$R_{sm\_eq}(t) = R_{2}\left(1 - \frac{R_{2}}{R_{1} + R_{2} + R_{c}^{T}}\right) \tag{3-4}$$

$$u_{sm\_eq}(t-\Delta T) = \left(\frac{R_{2}}{R_{1} + R_{2} + R_{c}^{T}}\right)u_{c\_eq}(t-\Delta T) \tag{3-5}$$

下一步需要将 MMC 桥臂中的 N 个子模块等效电路串联为一个桥臂等效电路，MMC 单个桥臂的戴维南等效电路如图 3-2 所示，图 3-2 中 u_{c} 和 T_{sm} 分别为桥臂输出的 N 个子模块电容电压以及控制系统输入桥臂的 N 个子模块的触发信号。桥臂等效电路的电阻 R_{arm_eq} 和 u_{arm_eq} 由式（3-6）和式（3-7）可得

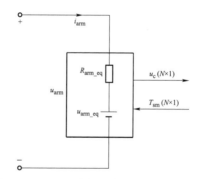

图 3-2　MMC 单个桥臂的戴维南等效电路

$$R_{arm\_eq}(t) = \sum_{k=1}^{N} R_{sm\_eq\_k}(t) \tag{3-6}$$

$$u_{arm\_eq}(t-\Delta T) = \sum_{k=1}^{N} u_{sm\_eq\_k}(t-\Delta T) \tag{3-7}$$

式中：$R_{sm\_eq\_k}$ 和 $u_{sm\_eq\_k}$ 分别表示第 k 个子模块的戴维南等效电阻和电压。

图 3-2 中的桥臂等效电路取决于其中 N 个子模块各自的开关状态和瞬时电压信息。对比 MMC 拓扑与桥臂等效电路可知，一个多节点的网络被转化为一个与原电路等效且计算量大大降低的等效电路。与详细模型的计算速度相比，MMC 戴维南等效模型已有大幅提高，但在仿真超高电平 MMC 组成的多端直流电网

时，仿真速度仍不能满足要求。

3.1.2 基于后退欧拉法的戴维南等效整体模型

本小节介绍基于后退欧拉法的戴维南等效整体模型。通过采用理想开关器件、后退欧拉法离散化电容以及新型高效排序均压算法对经典戴维南模型进行改进，该模型计算效率更高，且几乎不影响仿真精度。

3.1.2.1 采用理想开关器件

在工程实际中，IGBT 器件的导通电阻 R_{ON} 和关断电阻 R_{OFF} 会随着负载电流以及器件的正向电压降而改变，通常 R_{OFF} 远大于 R_{ON}。如在 PSCAD/EMTDC 中，典型的默认值是 $R_{ON}=0.01\Omega$，$R_{OFF}=10^6\Omega$。对 3.1.1 介绍的 MMC 经典戴维南等效模型进行求解时，电磁暂态仿真平台需要在每个仿真步长执行式（3-3）~式（3-5），以更新桥臂戴维南电路并反解出每个子模块电容电压，尽管相应的数学计算复杂度较低，但是大量的计算也会在一定程度上降低仿真速度。为了不损失仿真精度且便于后续对排序均压算法进行改进，假设每个 IGBT 开关组在关断状态时电阻为无穷大，即理想的关断状态，则对式（3-3）~式（3-5）在 R_{OFF} 趋于无穷时求极限，可得到在不同开关状态下，半桥 MMC 子模块电容电压增量的计算中间量，如表 3-1 所示。

表 3-1　　　　　　　半桥 MMC 子模块电容电压增量的计算中间量

t 时刻子模块开关状态	$i_c(t)$	$R_{sm\_eq}(t)$	$u_{sm\_eq}(t-\Delta T)$
投入	$i_{arm}(t)$	$R_{ON}+R_c$	$u_{c\_eq}(t-\Delta T)$
切除	0	R_{ON}	0

由表 3-1 可知，经过假设后，子模块电容电压增量计算中间量的计算复杂度远小于式（3-3）~式（3-5），且没有乘法和除法运算。通常情况下，在 MMC 的详细模型中，全部子模块的结构参数是完全一致的，因此，式（3-6）中求解桥臂等效戴维南电阻时可以由式（3-8）计算得到

$$R_{arm\_eq}(t) = NR_{ON} + N(t)R_c \tag{3-8}$$

式中：$N(t)$ 为在 t 时刻控制系统要求 MMC 桥臂中导通的子模块数目。

由式（3-5）可知，将处于切除状态的子模块等效戴维南电压取为 0，这与采取假设之前该等效电压为极小值不同。因此，式（3-7）也可通过对即将导通的子模块等效戴维南电压求和得到，这将会在一定程度上减少计算量。

3.1.2.2 采用后退欧拉法离散化电容

后退欧拉法（Backward Euler method，BE）也是绝对稳定的，即如果实际系统是稳定的，仿真结果也将是稳定的。如果采用后退欧拉法对 MMC 全部子模块中的电容进行离散化，则图 3-1（b）中伴随电路的参数将如式（3-9）～式（3-11）所示，公式中上标"E"表示采用了后退欧拉法

$$R_c^E = \frac{\Delta T}{C} \tag{3-9}$$

$$u_{c\_eq}^E(t - \Delta T) = u_c^E(t - \Delta T) \tag{3-10}$$

$$u_c^E(t) = u_c^E(t - \Delta T) + \Delta u_c^E(t) = u_c^E(t - \Delta T) + i_c(t)R_c^E \tag{3-11}$$

此处仅改变子模块伴随电路的生成方法，式（3-3）～式（3-8）依然适用。结合式（3-5）和式（3-11），当采用后退欧拉法时，MMC 子模块电容电压的增量如表 3-2 所示，可见该增量只由当前时刻子模块的开关状态决定。

表 3-2   MMC 子模块电容电压增量（后退欧拉法）

t 时刻子模块开关状态	电容电压增量 $\Delta u_c^E(t)$
切除	0
投入	$i_{arm}(t)R_c^E$

由表 3-2 可知，采用后退欧拉法时，电容电压增量只与当前时刻有关，而与历史开关状态无关，每个步长只需要计算一次电压增量，即可加到全部投入状态的子模块电容电压中，而切除状态的子模块电容电压保持不变，无需更新。同时，采用后退欧拉法时，电容增量分为两组，既减少了所需存储的开关状态等信息量，又方便进一步改进排序均压算法。

3.1.2.3 采用新型高效排序均压算法

经典戴维南等效模型在计算桥臂戴维南等效电路以及更新电容电压时的计算复杂度 $O(N)$ 正比于子模块数 N。然而，MMC 的排序均压算法本身也会在很大程度上影响 MMC 的电磁暂态仿真效率，对于 N 个乱序的子模块电容电压进行全排序（如采用冒泡排序等算法），其复杂度通常为 $O(N^2)$。随着 MMC 电平数的升高，排序算法的复杂度将成为 MMC 仿真的主要计算工作量。因此，有必要提出高效排序算法以进一步提高仿真效率。本小节所提出的高效电磁暂态仿真模型，采用后退欧拉法对电容进行离散化，为提出高效排序算法提供了可能。适用于后退欧拉法 MMC 的分组排序算法示意图如图 3-3 所示。

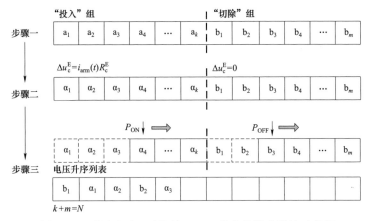

图 3-3 适用于后退欧拉法 MMC 的分组排序算法示意图

在仿真初始时刻，将全部 N 个子模块电容电压按照其大小排序，这种排序只进行一次，升序排列后的子模块初序号设置为 $1\sim N$。在对下文排序过程的描述中，子模块序号随电容电压一起移动。后续每个仿真步长中，可以按照图 3-3 所示方法进行排序。首先，假设每个仿真步长中都对 N 个电容电压进行排序，如果只要求在调制波的台阶跃变处进行排序，则只需在台阶保持时，反复执行步骤一～步骤二，在台阶跃变处执行步骤一～步骤三即可。

步骤一：根据前一个步长（$t-\Delta T$ 时刻）得到的升序电容电压列表以及当前时步（t 时刻）控制系统要求导通的子模块数目和桥臂电流方向，结合排序均压时"充电取小，放电取大"的原则，将 N 个子模块分为"投入"和"切除"两组，此时每个组内子模块都是按照电容电压大小升序排列。并假设"投入"组内的子模块为 $\{a_1, a_2, \cdots, a_k\}$，"切除"组内的子模块为 $\{b_1, b_2, \cdots, b_m\}$（$k+m=N$）。

步骤二：将步骤一中"投入"组内子模块加以相同的电容电压增量（由 MMC 戴维南等效支路在电磁暂态程序中求解可得），对"投入"组内的子模块电容电压进行更新，假设其从 $\{a_1, a_2, \cdots, a_k\}$ 变为了 $\{\alpha_1, \alpha_2, \cdots, \alpha_k\}$。由于"投入"组内子模块的电压增量相同，因此 $\{\alpha_1, \alpha_2, \cdots, \alpha_k\}$ 仍为升序排列。同时，"切除"组内的子模块电容电压增量为 0，仍以 $\{b_1, b_2, \cdots, b_m\}$ 表示。

步骤三：如步骤二所述，$\{\alpha_1, \alpha_2, \cdots, \alpha_k\}$ 和 $\{b_1, b_2, \cdots, b_m\}$ 均为升序排列，因此只需进行少量的比较运算操作，即可重新将 N 个子模块电容电压按照升序排列，便于下个仿真步长使用。在算法的编程实现中，引入两个指针 P_{ON} 和 P_{OFF}。在排序的初始时刻，$P_{ON}=1$，$P_{OFF}=1$，将"投入"组中第一个元素 α_1 与"切除"组中第一个元素 b_1 进行比较。若 $b_1<\alpha_1$，则 b_1 移动到"电压升序列

表"中的第一个元素位置，同时 $P_{ON}=1$，$P_{OFF}=2$，这意味着在下次比较中，α_1 将和 b_2 比较；相反，如果 $b_1>\alpha_1$，则 α_1 移动到"电压升序列表"中的第一个元素位置，同时 $P_{ON}=2$，$P_{OFF}=1$，这意味着在下次比较中，α_2 将和 b_1 比较。将上述过程重复进行（$N-1$）次即可填满组合列表中全部 N 个位置，且均按照电容电压幅值升序排列。图 3-3 中"电压升序列表"已有元素中是假设 $b_1<\alpha_1<\alpha_2<b_2<\alpha_3$ 时经过 5 次比较得到的。

上述排序算法的复杂度仅为 $O(N)$，这是由于它无需对乱序的 N 个元素进行全排列，而是充分利用 MMC 等效模型的特点对子模块进行分组，再结合电容电压更新前后每个分组内子模块电压顺序不变的特点。需要注意的是，上述排序方法是假设 MMC 中的 IGBT 开关组具有理想关断状态，且采用后退欧拉法对电容进行离散化，而在实际中也不存在关断电阻为无穷大的开关器件，因此该方法无法应用于实际装置中，在实际装置中仍需对 N 个乱序的子模块电容电压进行全排序。

3.1.2.4 基于后退欧拉法的戴维南等效整体模型的闭锁实现方法

当 MMC 正常运行时，每个子模块的投入或者切除是由控制器决定的，图 3-2 中单个桥臂的戴维南等效电路中电阻和电压由式（3-6）和式（3-7）计算可得。然而，当 MMC 在启动或直流故障等情形下，换流器闭锁时，等效方法将有所不同。在闭锁模式下，全部子模块的脉冲都被封锁，MMC 进入不控整流模式，同一桥臂中的 N 个子模块状态（同时投入或者切除）由桥臂电流的方向确定。

基于此，MMC 闭锁时的等效桥臂模型如图 3-4 所示，等效二极管 D_{1_eq}、D_{2_eq} 和等效电容 C_{eq} 分别用来模拟 MMC 详细模型中同一桥臂中全部子模

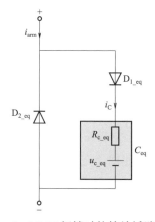

图 3-4　MMC 闭锁时的等效桥臂模型

块的二极管 D_1、D_2 和电容 C（见图 3-1）。如前所述，基于后退欧拉法的模型假设采用理想开关器件，即导通电阻为 R_{ON}，关断电阻为无穷大。

图 3-4 中，等效二极管 D_{1_eq} 和 D_{2_eq} 的导通和关断电阻分别设置为

$$\begin{cases} R_{ON\_eq} = NR_{ON} \\ R_{OFF\_eq} = 10^{12}\,\Omega \end{cases} \tag{3-12}$$

式（3-12）中，受仿真软件的限制，关断电阻取 $10^{12}\,\Omega$ 而非无穷大电阻。本节中所述的理想关断器件只是取极限的概念，在程序实现中直接给出极限值即可，不需要实际调用无穷大电阻支路。

等效电容 C_{eq} 的戴维南等效电阻和电压分别为

$$R_{c\_eq} = NR_c^E \tag{3-13}$$

$$u_{c\_eq}(t - \Delta T) = \sum_{k=1}^{N} u_{c\_eq\_k}^E(t - \Delta T) = \sum_{k=1}^{N} u_{c\_k}^E(t - \Delta T) \tag{3-14}$$

按式（3-14）计算，可得到 MMC 闭锁后的全部电容电压值，其中 $i_c(t)$ 根据桥臂电流 i_{arm} 方向取 i_{arm} 或 0 [$i_{arm}>0$ 时，$i_C(t)=i_{arm}$；$i_{arm}<0$ 时，$i_C(t)=0$]。需要说明的是，图 3-4 中的等效电容 C_{eq} 为 N 个电容 C 的直接串联，与图 3-2 中全部电容嵌在各个子模块内部再串联不同。闭锁时全部电容电压的增量相同（全部投入或全部切除），模型所采用的存储器依然可以保留闭锁前每个子模块的信息，因此解锁后所提出模型依然可以精确仿真 MMC 的内部和外部特性。

3.1.2.5 MMC 整体建模方法的求解流程

基于后退欧拉法的戴维南等效整体模型对 MMC 经典戴维南等效模型进行了三个层面的改进，同时包括对换流器模型的优化，以及对其必备的排序均压算法的优化，它们作为一个有机整体，共同构成了基于戴维南等效的 MMC 电磁暂态整体建模过程。MMC 整体建模方法的求解流程如图 3-5 所示。

图 3-5 为整体建模方法在 MMC-HVDC 正常运行时（解锁运行）的求解流程，同时也是该模型在电磁暂态程序中自定义编程的流程图。在 MMC 闭锁时，只需将图 3-5 所示流程图做如下两点修改：① 桥臂戴维南等效支路由图 3-2 替换为图 3-4；② 全部电容的投入或切除由桥臂电流方向结合闭锁时的等效二极管自动判断，无需排序过程参与。

图 3-5 中所述求解流程也适用于全桥 MMC 整体建模，为体现其通用性，未在每个求解步骤中标出具体的求解公式。同时，图 3-5 也表明了所提出的 MMC 整体建模方法流程清晰、实现方法较简单。

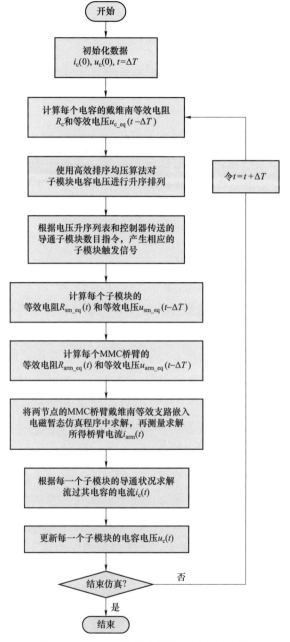

图 3-5 MMC 整体建模方法的求解流程

3.1.3 基于梯形积分法的戴维南等效整体模型

当仿真步长较小时，后退欧拉法和梯形积分法具有相似的仿真精度。当仿真步长较大时，基于后退欧拉法的戴维南等效整体模型在仿真较大暂态冲击时的仿真精度将有所降低。基于梯形积分法的戴维南等效整体模型与基于后退欧拉法的戴维南等效整体模型相同，假设开关组的关断电阻为无穷大，但电容离散化时采用应用较广泛的梯形积分法。

由图 3–1（b）及式（3–2）可知，使用梯形积分法对电容进行离散化时，每个仿真步长计算完毕后子模块电容电压的增量及其更新后的瞬时值为

$$u_c^T(t) = u_c^T(t-\Delta T) + \Delta u_c^T(t) \tag{3-15}$$

$$\Delta u_c^T(t) = [i_c(t) + i_c(t-\Delta T)]R_c^T \tag{3-16}$$

$$R_c^T = \frac{\Delta T}{2C} \tag{3-17}$$

其中，式（3–15）～式（3–17）中上标"T"表示采用了梯形积分法生成子模块伴随电路元件的参数。结合式（3–15）～式（3–17）可得，采用梯形积分法时 MMC 子模块电容电压增量如表 3–3 所示。

表 3–3 　　　　　　　　　MMC 子模块电容电压增量（梯形积分法）

电容电压增量 $\Delta u_c^T(t)$		t 时刻子模块开关状态	
		切除	投入
（$t-\Delta T$）时刻子模块开关状态	切除	0	$i_{arm}(t)R_c^T$
	投入	$i_{arm}(t-\Delta T)R_c^T$	$[i_{arm}(t-\Delta T) + i_{arm}(t)]R_c^T$

由表 3–3 可知，基于理想关断器件这一假设，采用梯形积分时，电容电压增量根据子模块当前步长与前一个步长的开关状态不同分为四组，因此可采用高效排序算法以提高计算效率。具体方法为：根据上一仿真时刻和当前仿真时刻，将子模块电容电压分为四组，组内都按照电压升序排列；先将四组进行两两分组，采用图 3–3 中方法分别排序，得到两个升序的电压序列；然后再次利用图 3–3 中方法排序，得到总的电压升序列表。该排序算法的计算复杂度为 $O(N)$，具体计算次数为 $2N-3$。适用于梯形积分法 MMC 的分组排序算法示意图如图 3–6 所示。

在仿真初始时刻，假设全部电容电压已按 1～N 升序排列，记为序列 H。根据 t 时刻和 $t-\Delta T$ 时刻子模块的开关状态得到四个不同的电容电压增量。将 t 时刻和 $t-\Delta T$ 时刻关断的 a 个子模块按电容电压升序分到 A 组，将 t 时刻关断和 $t-\Delta T$ 时刻导通的 b 个子模块按电容电压升序分到 B 组，将 t 时刻导通和 $t-\Delta T$ 时刻关断的 c 个子模块按电容电压升序分到 C 组，将 t 时刻和 $t-\Delta T$ 时刻导通的 d 个子

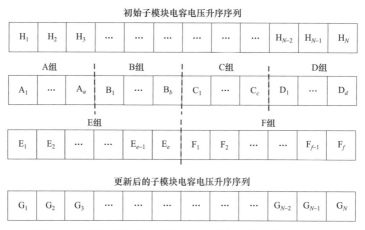

图 3—6   适用于梯形积分法 MMC 的分组排序算法示意图

模块按电容电压升序分到 D 组，其中 $a+b+c+d=N$。将 A、B、C、D 四组两两之间进行组合后排序。值得说明的是，A、B、C、D 四组可采用任意两两之间进行组合，排序效果是无差的。本节以 A、B 为一组和 C、D 为一组的分组为例进行分组排序。A、B 两组排序后得到 e 个子模块按电容电压升序排列的序列称为 E 组，C、D 两组排序后得到 f 个子模块按电容电压升序排列的序列称为 F 组，其中 $e+f=N$。将 E 和 F 组再次排序后，最后可以得到一组 N 个子模块电容电压的升序序列，即序列 G。

至此，经典戴维南等效模型、基于后退欧拉法的戴维南等效整体模型、基于梯形积分法的戴维南等效整体模型三种半桥 MMC 等效模型已经介绍完毕，为了更直观对比三种等效模型和精确模型之间的精度，在相同的硬件条件下对其进行相同工况的仿真测试。具体仿真参数如下：仿真所用模型均采用伪双极结构，交流系统线电压有效值为 230kV，送端换流变压器变比为 230kV/341.3kV，受端换流变压器变比为 230kV/333.14kV，变压器接线都为 YN/d 接线方式。桥臂电感为 0.085H，直流电压为 ±320kV，每个桥臂包含 48 个子模块（不计冗余，MMC 均为 49 电平）。送端采用定直流电压和定无功功率控制，受端采用定有功功率和定无功功率控制。稳态运行时设定传输有功功率 1000MW，无功功率双端都设置为 0Mvar，传输线路采用 10.7km 直流电缆。

仿真步长为 20μs，仿真时长为 6s，系统都采用传统"两阶段"启动策略，对子模块电容电压进行充电。4.3s 时，双端系统同时投入环流抑制控制策略。四种模型的直流电压、有功功率及送端阀侧 A 相电压对比如图 3—7～图 3—9 所示。

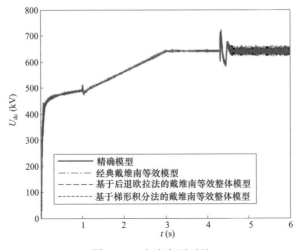

图 3-7 直流电压对比

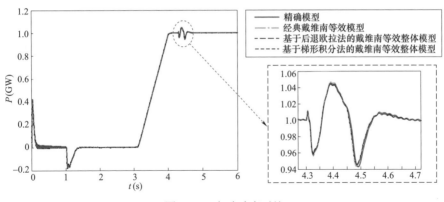

图 3-8 有功功率对比

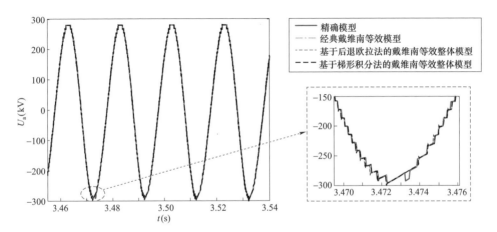

图 3-9 送端阀侧 A 相电压对比

三种等效模型都具有很高的仿真精度，基于后退欧拉法的戴维南等效整体模型的仿真精度略差于经典戴维南等效模型和基于梯形积分法的戴维南等效整体模型。

为了对比三种等效模型仿真速度的差异，进行单相开环仿真速度测试，仿真时长为 10s，仿真步长为 20μs。等效模型的仿真用时如图 3-10 所示。

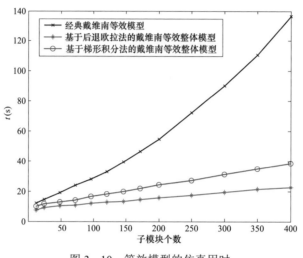

图 3-10　等效模型的仿真用时

由图 3-10 可以看出，经典戴维南等效模型仅针对换流器部分进行了优化，其仿真用时呈现出了非线性增长趋势。基于后退欧拉法的戴维南等效整体模型和基于梯形积分法的戴维南等效整体模型都考虑了排序算法的优化，其仿真用时都是随着子模块数目的增加而线性增长，基于梯形积分法的戴维南等效整体模型的斜率约为基于后退欧拉法的戴维南等效整体模型的两倍。上述仿真结果与模型的建立方法以及理论分析结果一致。

3.2　全桥 MMC 等效建模

由 MMC 子模块拓扑及运行机制分析可知，全桥 MMC 的拓扑复杂度以及运行模式与半桥 MMC 相比更为复杂。本节将不再重新叙述全桥 MMC 基于戴维南等效的整体建模方法，只是从全桥 MMC 子模块结构出发，介绍它与半桥 MMC 模型推导中主要公式的区别。

3.2.1　全桥 MMC 子模块的伴随电路

据前文所述的开关器件等效建模说明，全桥 MMC 子模块等效建模如

图 3-11 所示。

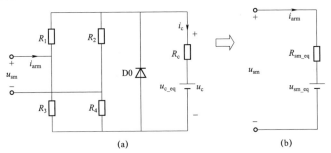

图 3-11 全桥 MMC 子模块等效建模

（a）伴随电路；（b）戴维南等效电路

与半桥 MMC 子模块相似，图 3-11（a）中全桥 MMC 子模块伴随电路中的二极管 D0 是为了防止电容电压出现负值，在模型实现过程中可通过编程语句实现。求解该伴随电路，可得到图 3-11（b）中的戴维南等效电路，与半桥 MMC 子模块对应的式（3-3）～式（3-5）不同，全桥 MMC 子模块的戴维南等效电阻和等效电压分别为

$$i_c(t)=\frac{C \times i_{arm}(t)-B \times u_{c\_eq}(t-\Delta T)}{A+B \times R_c} \qquad (3-18)$$

$$R_{sm\_eq}(t)=\frac{E+D \times R_c}{A+B \times R_c} \qquad (3-19)$$

$$u_{sm\_eq}(t-\Delta T)=\frac{C \times u_{c\_eq}(t-\Delta T)}{A+B \times R_c} \qquad (3-20)$$

其中

$$\begin{cases} A=R_1 \times R_2+R_1 \times R_4+R_2 \times R_3+R_3 \times R_4 \\ B=R_1+R_2+R_3+R_4 \\ C=R_2 \times R_3-R_1 \times R_4 \\ D=R_1 \times R_3+R_1 \times R_4+R_2 \times R_3+R_2 \times R_4 \\ E=R_1 \times R_2 \times R_3+R_1 \times R_2 \times R_4+R_1 \times R_3 \times R_4+R_2 \times R_3 \times R_4 \end{cases} \qquad (3-21)$$

假设采用理想关断器件，全桥 MMC 子模块电容电压增量计算中间量可用表 3-4 描述。

表 3-4　　　　全桥 MMC 子模块电容电压增量计算中间量

t 时刻子模块开关状态	$i_c(t)$	$R_{sm\_eq}(t)$	$u_{sm\_eq}(t-\Delta T)$
正向投入	$i_{arm}(t)$	$2R_{ON}+R_c$	$u_{c\_eq}(t-\Delta T)$
切除	0	$2R_{ON}$	0
负向投入	$-i_{arm}(t)$	$2R_{ON}+R_c$	$-u_{c\_eq}(t-\Delta T)$

根据表 3-4 中各中间量的值，采用后退欧拉法对电容进行离散化时，全桥 MMC 子模块电容电压增量如表 3-5 所示。

表 3-5 全桥 MMC 子模块电容电压增量（后退欧拉法）

t 时刻子模块开关状态	电容电压增量 $\Delta u_\text{c}^\text{E}(t)$
正向投入	$i_\text{arm}(t)R_\text{c}^\text{E}$
切除	0
负向投入	$-i_\text{arm}(t)R_\text{c}^\text{E}$

根据表 3-5，与半桥 MMC 子模块不同的是，全桥 MMC 子模块桥臂电流的方向不再作为判断当前时刻处于投入状态的电容将被充电或放电的唯一判据，而应该结合当前时刻控制系统的触发指令（即全桥子模块是正向投入还是负向投入）进行综合判断。这一不同之处，将使得电容电压升序列表中选择子模块投入时的判断条件发生改变；在子模块投入后更新电容电压时（见图 3-3），还需要对桥臂电流的极性进行调整。

3.2.2 全桥MMC仿真验证

搭建基于戴维南等效的全桥 MMC 高效仿真模型，以 17 电平全桥 MMC 直流故障的仿真为例，验证所搭建的全桥 MMC 高效仿真模型的正确性。全桥 MMC 切断直流短路电流波形如图 3-12 所示。

图 3-12 表明，全桥 MMC 可以在换流器闭锁后快速切断直流短路电流。这是由于全桥 MMC 的拓扑特性将交流系统三相电压箝位，无法向短路点持续馈入短路电流，桥臂电流和直流短路电流均降为 0。由图 3-12 的对比结果可知，基

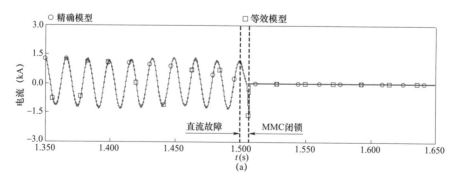

图 3-12 全桥 MMC 切断直流短路电流波形（一）

（a）交流相电流

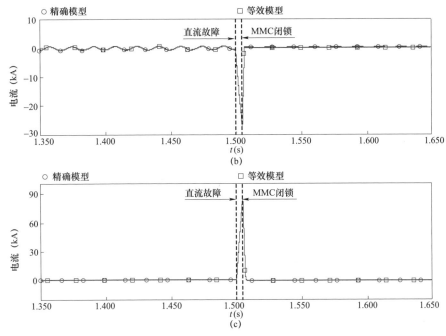

图 3-12　全桥 MMC 切断直流短路电流波形（二）

（b）桥臂电流；（c）直流电流

于戴维南等效的全桥 MMC 高效仿真模型可以完全反映其精确模型的故障暂态特性，验证了所建模型的正确性。

3.3　通用单端口 MMC 等效建模

近年来，具备特殊功能、适应不同应用场景的新型 MMC 子模块不断涌现。在 MMC 的等效建模过程中，需要实现对桥臂中大量级联子模块的等效，同时保证消去的节点信息可以被精确反解，这对由具有复杂内部结构和多个外部端子的子模块构成的 MMC 建模带来了很大挑战。为此，本节将针对单端口 MMC 提出电磁暂态通用建模方法。

3.3.1　MMC拓扑的自动识别

在电磁暂态仿真软件中进行建模时，节点电压方程中的电导元素是每个步长都要改变的，大大增加了运算量。本小节介绍了一种单端口 MMC 子模块拓扑的快速自动识别方法，可以由仿真软件通过矩阵运算得到子模块对应的节点电压方程，无需预先求出节点电压方程中各矩阵对应元素的解析表达式。

为了不失一般性，假定任意子模块拓扑中最多包含两个电容，将电容进行积分离散化为诺顿等效形式，使用阻值可变的电阻来代替开关器件，可得任意拓扑子模块对应的伴随电路，如图3-13所示。图3-13中共含 n 个节点，其中第 1~$2m$ 个节点为子模块的外部连接节点，其余均为子模块内部节点，第 i~n 号节点为电容节点。

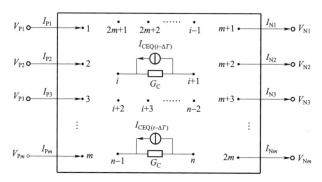

图3-13　任意拓扑子模块对应的伴随电路

以图3-13为例，假设任意拓扑子模块伴随电路中共含 n 个节点、b 条支路（电容虽然被离散化为一个电导和电流源并联，但依然视为一条支路）。首先对子模块伴随电路中各节点和支路分别从 1~n、1~b 进行编号，并规定各支路方向，其中，电容支路的方向取电容的正方向，其余支路方向可任意取，可得到该子模块对应的有向图，然后构造子模块对应的 n 行 b 列关联矩阵 $\boldsymbol{A}_a$，$\boldsymbol{A}_a$ 的行数对应有向图的节点数，列数对应有向图的支路数。

除关联矩阵 $\boldsymbol{A}_a$ 外，还需基于有向图构造任意拓扑子模块对应的支路导纳矩阵 $\boldsymbol{Y}_b$ 和支路电流源列向量 $\boldsymbol{I}_S$，其中 $\boldsymbol{Y}_b$ 为 b 阶对角矩阵，其元素为全部内部电流源置零后各支路导纳值，可表示为式（3-22）；$\boldsymbol{I}_S$ 为 b 维列向量，其元素为各支路诺顿等效电流源值

$$\boldsymbol{Y}_b = diag\left[G_1, G_2, \cdots G_{C1}, \cdots G_{C2}, \cdots G_b\right] \qquad (3-22)$$

$$\boldsymbol{I}_s = [\cdots \quad I_{CEQ1}(t-\Delta T) \quad I_{CEQ2}(t-\Delta T) \quad \cdots]^{\mathrm{T}} \qquad (3-23)$$

由任意拓扑子模块对应的关联矩阵 $\boldsymbol{A}_a$、支路导纳矩阵 $\boldsymbol{Y}_b$ 和支路电流源列向量 $\boldsymbol{I}_S$ 根据式（3-22）和式（3-23）构造任意拓扑子模块对应的节点电压方程（以大地为参考节点），如式（3-24）~式（3-26）所示

$$\boldsymbol{Y} = \boldsymbol{A}_a \boldsymbol{Y}_b \boldsymbol{A}_a^{\mathrm{T}} \qquad (3-24)$$

$$\boldsymbol{J} = \boldsymbol{A}_a \boldsymbol{I}_S \qquad (3-25)$$

$$\boldsymbol{Y}\boldsymbol{V} = \boldsymbol{J} + \boldsymbol{I} \qquad (3-26)$$

3.3.2 MMC通用建模方法

单端口 MMC 子模块即子模块仅有一个端口（两个端子）与外电路进行连接，如半桥 MMC 子模块、全桥 MMC 子模块、箝位双子模块等。本小节将针对单端口 MMC 子模块以戴维南等效模型和嵌套快速同时求解算法为基础，介绍一种单端口 MMC 子模块通用等效建模方法。

3.3.2.1 通用建模方法简介

图 3－14 为任一单端口 MMC 子模块示意图。

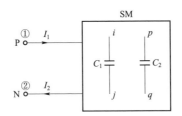

图 3－14 任一单端口 MMC 子模块示意图

先对子模块的节点进行编号处理。设子模块共有 n 个节点。在编号时，首先应分离出内部节点和外部节点，令正端子 P 和负端子 N 为外部节点，分别对应第 1 号和第 2 号节点，其余节点为内部节点；其次对电容节点做编号处理，子模块内部可以有单电容或多电容，一般子模块内部电容个数为一个或者两个，三个及以上的电容并不常见。为了保证通用性，先设子模块内部有两个电容 C_1 和 C_2，且将两个电容两端的节点均先分别编号。C_1 的正负两个极板的编号分别为 i、j（$i=1, 2, \cdots, n$；$j=1, 2, \cdots, n$；$i \neq j$），C_2 的正负两个极板的编号分别为 p、q（$p=1, 2, \cdots, n$；$q=1, 2, \cdots, n$；$p \neq q$）。若两个电容有极板相连的情况，考虑到不会出现两个电容并联的情况，可设 $j=q$，即将节点 j 和节点 q 连接在一起（即短路），需要对原网络的节点 j 和节点 q 进行短路收缩处理，对于不定导纳矩阵，将第 q 行加到第 j 行上去，再将第 q 列加到第 j 列上去，最后划掉第 q 行和第 q 列，对于矩阵 V，直接将 V_q 划掉，对于矩阵 J 和 I，将第 q 行的元素加至第 j 行，然后划掉第 q 行的元素。

对离散化后的电容进行处理。电容离散化后可以转化为诺顿等效形式，即一个电导并联一个电流源，设电容 C_1 的诺顿等效电导为 $k_1 G_{C1}$，诺顿等效电流源为 $k_1 I_{CEQ1}(t-\Delta T)$，电容 C_2 的诺顿等效电导为 $k_2 G_{C2}$，诺顿等效电流源为 $k_2 I_{CEQ2}(t-\Delta T)$。k_1 和 k_2 可根据具体的电容个数取 0 或 1，电容存在时取 1，不存在时取 0。

对任一子模块列写由不定导纳矩阵构成的节点电压方程，如式（3-27）所示，式（3-27）可表示为 $YV=J+I$ 的形式，即

$$
\begin{bmatrix}
y_{11} & y_{12} & y_{13} & \cdots & y_{1i} & \cdots & y_{1j} & \cdots & y_{1p} & \cdots & y_{1q} & \cdots & y_{1n} \\
y_{21} & y_{22} & y_{23} & \cdots & y_{2i} & \cdots & y_{2j} & \cdots & y_{2p} & \cdots & y_{2q} & \cdots & y_{2n} \\
y_{31} & y_{32} & y_{33} & \cdots & y_{3i} & \cdots & y_{3j} & \cdots & y_{3p} & \cdots & y_{3q} & \cdots & y_{3n} \\
\vdots & & & \ddots & & & & & & & & & \vdots \\
y_{i1} & y_{i2} & y_{i3} & \cdots & y'_{ii}+k_1G_{C1} & \cdots & y'_{ij}-k_1G_{C1} & \cdots & y_{ip} & \cdots & y_{iq} & \cdots & y_{in} \\
\vdots & & & & & \ddots & & & & & & & \vdots \\
y_{j1} & y_{j2} & y_{j3} & \cdots & y'_{ji}-k_1G_{C1} & \cdots & y'_{jj}+k_1G_{C1} & \cdots & y_{jp} & \cdots & y_{jq} & \cdots & y_{jn} \\
y_{p1} & y_{p2} & y_{p3} & \cdots & y_{pi} & \cdots & y_{pj} & \cdots & y'_{pp}+k_2G_{C2} & \cdots & y'_{pq}-k_2G_{C2} & \cdots & y_{pn} \\
y_{q1} & y_{q2} & y_{q3} & \cdots & y_{qi} & \cdots & y_{qj} & \cdots & y'_{qp}-k_2G_{C2} & \cdots & y'_{qq}+k_2G_{C2} & \cdots & y_{qn} \\
\vdots & & & & & & & & & & & \ddots & \vdots \\
y_{n1} & y_{n2} & y_{n3} & \cdots & y_{ni} & \cdots & y_{nj} & \cdots & y_{np} & \cdots & y_{nq} & \cdots & y_{nn}
\end{bmatrix}
\begin{bmatrix} V_1 \\ V_2 \\ V_3 \\ \vdots \\ V_i \\ \vdots \\ V_j \\ V_p \\ V_q \\ \vdots \\ V_n \end{bmatrix}
=
\begin{bmatrix} 0 \\ 0 \\ 0 \\ \vdots \\ k_1I_{CEQ1}(t-\Delta T) \\ \vdots \\ -k_1I_{CEQ1}(t-\Delta T) \\ k_2I_{CEQ2}(t-\Delta T) \\ -k_2I_{CEQ2}(t-\Delta T) \\ \vdots \\ 0 \end{bmatrix}
+
\begin{bmatrix} I_1 \\ -I_2 \\ 0 \\ \vdots \\ 0 \\ \vdots \\ 0 \\ 0 \\ 0 \\ \vdots \\ 0 \end{bmatrix}
$$

$$(3-27)$$

矩阵 J 表示电容离散化后产生的等效电流源的注入电流，其中省略号部分全为 0。矩阵 I 表示外部注入的电流，以电流流入为参考正方向。

矩阵 Y 中的 y_{hl}（h 和 l 的值为 i、j、p 或 q）代表去掉电容的离散化等效支路时对应节点的自导纳与互导纳。对于单电容的子模块，可以令 k_1 为 1，k_2 为 0。

式（3-28）是由不定导纳矩阵构成的方程，为了方便求解子模块诺顿等效电路的等效电导和等效电流源参数，此处以节点②为参考节点，即对于不定导纳矩阵，去掉第 2 行和第 2 列变为定导纳矩阵，对于矩阵 V、J、I，均去掉第二行对应的元素，则最后可写成分块矩阵的形式，如式（3-28）所示

$$
\left(\begin{array}{c|c} Y_{11} & Y_{12} \\ \hline Y_{21} & Y_{22} \end{array}\right)\left(\begin{array}{c} V_{EX} \\ V_{IN} \end{array}\right)=\left(\begin{array}{c} J_{EX} \\ J_{IN} \end{array}\right)+\left(\begin{array}{c} I_{EX} \\ I_{IN} \end{array}\right) \tag{3-28}
$$

Y、V、J、I 分别为任意拓扑子模块对应的 n 阶节点导纳矩阵、n 维节点电压列向量、n 维历史电流源列向量、n 维节点注入电流列向量，其中 J、I 规定流入节点为正。下标 EX 表示外部节点，下标 IN 表示内部节点。

运用嵌套快速同时求解算法的思想，处理式（3-28），即用外部节点的信息来表示内部节点的信息，仅保留外部节点，消去内部节点

$$Y_{11}V_{EX}+Y_{12}V_{IN}=J_{EX}+I_{EX} \tag{3-29}$$

$$Y_{21}V_{EX}+Y_{22}V_{IN}=J_{IN}+I_{IN}=J_{IN} \tag{3-30}$$

V_{IN} 可由式（3-30）解出，若能求出 V_{EX}，则可以利用式（3-31）求解各子模块电容电压

$$V_{IN}=Y_{22}^{-1}\left(J_{IN}-Y_{21}V_{EX}\right) \tag{3-31}$$

将式（3-31）代入式（3-29）可以得到

$$(Y_{11} - Y_{12}Y_{22}^{-1}Y_{21})V_{EX} = I_{EX} + J_{EX} - Y_{12}Y_{22}^{-1}J_{IN} \qquad (3-32)$$

在式（3-32）中，令

$$Y_{EX} = Y_{11} - Y_{12}Y_{22}^{-1}Y_{21} \qquad (3-33)$$

$$J_{EX}^{Tsf} = J_{EX} - Y_{12}Y_{22}^{-1}J_{IN} \qquad (3-34)$$

最终可以得到式（3-35）

$$Y_{EX}V_{EX} = I_{EX} + J_{EX}^{Tsf} \qquad (3-35)$$

子模块以节点②为参考点，因此矩阵 Y_{11} 中只有一个元素，式（3-35）也由一个矩阵方程变为了一个实数方程。此时可以看出，式（3-35）为诺顿等效电路的表达式，Y_{EX} 为诺顿等效电导，而 J_{EX}^{Tsf} 为诺顿等效电流源，且式（3-36）经过简单的变形即可变为戴维南等效形式。

通过以上的方法处理任一子模块，均可得到其戴维南等效电路的参数，随后将所有子模块串联叠加后，可得图3-15所示的 MMC 单个桥臂的戴维南（或诺顿）等效电路。

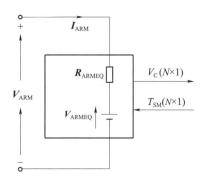

图 3-15   MMC 单个桥臂的戴维南等效电路

随后通过电磁暂态程序求解得到桥臂的电流 I_{ARM}，由于子模块串联，对任一子模块来说 $I_{ARM} = I_1 = I_2$，可通过式（12-35）求出任一子模块的 V_{EX}，代入（3-31）中可求出 V_{IN} 的值，即可更新各个子模块电容电压。

3.3.2.2   通用建模方法在双半桥的应用

本小节以双半桥子模块（Dual-Half Bridge Submodule，D-HBSM）为例，拓扑结构及其等效电路如图3-16所示，若采用传统方法对 D-HBSM 进行建模，很难求出其戴维南参数的解析解，计算复杂度将非常高。本小节利用通用模型对其进行建模。

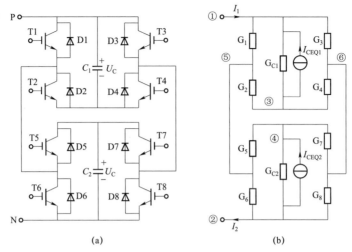

图 3−16　双半桥子模块拓扑结构及其等效电路

（a）子模块拓扑；（b）等效电路图

设子模块共 6 个节点，节点①和②为外部节点，k_1=1、k_2=1，电容节点为 i=1、j=3、p=4、q=2，其余节点分别为⑤和⑥，没有出现共用极的情况，无需进行短路收缩。

对任一双桥子模块，以节点②为参考节点，则可设 V_2=0，按式（3−28）的形式列写节点电压方程，如式（3−36）所示

$$
\begin{bmatrix}
G_1+G_3+G_{C1} & -G_{C1} & 0 & -G_1 & -G_3 \\
-G_{C1} & G_2+G_4+G_{C1} & 0 & -G_2 & -G_4 \\
0 & 0 & G_5+G_7+G_{C2} & -G_5 & -G_7 \\
-G_1 & -G_2 & -G_5 & G_1+G_2+G_5+G_6 & 0 \\
-G_3 & -G_4 & -G_7 & 0 & G_3+G_4+G_7+G_8
\end{bmatrix}
\begin{bmatrix}
V_1 \\ V_3 \\ V_4 \\ V_5 \\ V_6
\end{bmatrix}
=
\begin{bmatrix}
I_{CEQ1}(t-\Delta T) \\ -I_{CEQ1}(t-\Delta T) \\ I_{CEQ2}(t-\Delta T) \\ 0 \\ 0
\end{bmatrix}
+
\begin{bmatrix}
I_1 \\ 0 \\ 0 \\ 0 \\ 0
\end{bmatrix}
$$

$$（3-36）$$

对式（3−36）进行如式（3−28）～式（3−34）的计算，可得到 D−HBSM 的诺顿等效参数。诺顿（戴维南）等效参数的最终结果是一个以矩阵运算来表示的表达式，不需要事先解出最终的解析解，只需要知道子模块的节点导纳矩阵即可。

3.3.2.3　仿真验证

在 PSCAD/EMTDC 中分别搭建了双端 11 电平改进双半桥 MMC 的 EMTDC 仿真模型（完全由详细器件搭建）和通用等效模型，用以对比测试模型的精度和 CPU 仿真时间，进而验证了模型的通用性。整流站 MMC 1 采用定直流电压、定无功功率控制，逆变站 MMC 2 采用定有功功率、定无功功率控制。双端 11 电平 MMC 系统参数如表 3−6 所示。

表 3−6　　　　　　　　　　双端 11 电平 MMC 系统参数

项目	参数	双半桥子模块数值
系统	交流电压有效值（kV）	230
	基波频率（Hz）	50
	变压器变比（kV）	230/210
	变压器额定容量（MVA）	350
	变压器漏抗（15%）	15
	额定有功功率（MW）	300
	额定直流电压（kV）	400
	线路长度（km）	50
换流器	桥臂电感（H）	0.06
	平波电感（H）	0.15
	桥臂子模块数	10
	子模块额定电压（kV）	40
	子模块电容（μF）	600

在测试系统中分别设置了对称和不对称故障。双端 MMC−HVDC 测试系统运行状态如下：

（1）系统在 $t=1s$ 时达到了额定运行状态。

（2）在 $t=3s$ 时整流侧（定电压）的交流系统发生三相（或单相）接地短路故障，故障持续 0.2s 后消失，随后系统恢复正常运行。

（3）在 $t=5s$ 时整流侧发生永久性直流双极短路故障。

（4）直流故障后 2ms 即 $t=5.002s$ 时换流站闭锁，直到 6s 仿真结束。

1. 模型仿真精度分析

（1）稳态运行分析。稳态波形对比如图 3−17 所示，从图 3−17 中可以看出，本小节提出的模型和 EMTDC 仿真模型的子模块电容电压纹波幅值是一致的，且二者的纹波脉络几乎保持一致，仿真精度很高。同时也可以看出，10 个电容的电压纹波重合度较高，均压效果较好。

总谐波畸变度（Total Harmonics Distortion，THD）对比如图 3−18 所示，其中，PCC（Point of Common Coupling）为电力系统中的公共连接点，虚短点为桥臂电抗和整个桥臂之间的连接点。

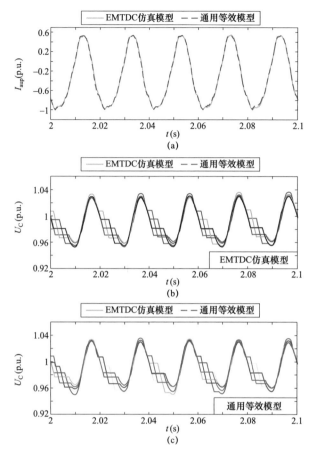

图 3-17　稳态波形对比

(a) A 相上桥臂电流；(b) EMTDC 仿真模型子模块电容电压；(c) 通用等效模型子模块电容电压

由图 3-18 可以看出，两种模型的 THD 实时波形并不是重合的。由前文的对比可以看出，在各种工况下两种模型的波形是几乎完全重合的。虽然如此，THD 模块滑窗特性使得在仿真中任何轻微的相位差都可能造成实时的 THD 波形尖峰的不一致，但两种模型波形尖峰的高度和平均值是基本一致的。从图 3-18 中也可以看出，虚短点的谐波畸变度明显高于 PCC 点的谐波畸变度，这是因为桥臂电抗和变压器都有滤波的作用。

（2）整流侧交流系统三相接地故障分析。在 t=3s 时整流侧交流系统发生三相接地短路故障，持续 0.2s 后消失，系统逐渐恢复正常运行。整流侧交流系统三相接地故障波形对比如图 3-19 所示。

从图 3-19 中可以看出，整流侧交流系统三相接地故障时，整流侧的各重要参量的暂态过程的波形都吻合得很好，仿真精度很高。

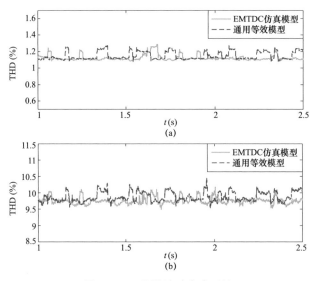

图 3-18　总谐波畸变度对比

（a）PCC 点总谐波畸变度；（b）虚短点总谐波畸变度

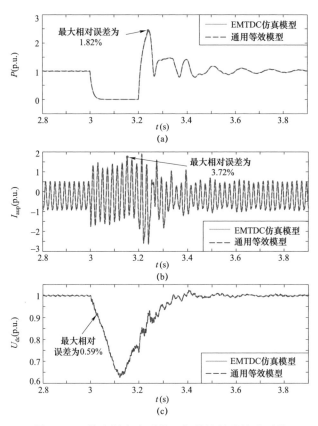

图 3-19　整流侧交流系统三相接地故障波形对比

（a）有功功率；（b）A 相上桥臂电流；（c）直流电压

（3）直流双极短路故障分析。在 t=5s 时整流侧发生永久性直流双极短路故障，故障后 2ms 两侧换流站均闭锁，直至仿真结束。直流双极短路故障波形对比如图 3-20 所示。

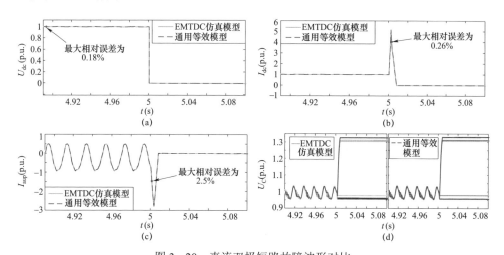

图 3-20　直流双极短路故障波形对比

（a）直流电压；（b）直流电流；（c）A 相上桥臂电流；（d）子模块电容电压

由图 3-20 可知，在直流故障期间，各重要参量的波形均吻合得很好，仿真精度很高。经计算，此时直流电压、直流电流、A 相上桥臂电流的最大相对误差分别为 0.18%、0.26%和 2.5%。对于子模块电容电压，由于其特殊结构，在闭锁后，若桥臂电流方向为正，则所有电容投入；若桥臂电流方向为负，则每个子模块只有一个电容投入，即只有一半的电容投入，因此会有一半的电容时刻处于充电过程中，因此这些电容的电压要比另外一半高。

（4）整流侧交流系统单相接地故障分析。在 t=3s 时整流侧交流系统发生单相接地故障，持续 0.2s 后消失，系统逐渐恢复正常运行。整流侧交流系统单相接地故障波形对比如图 3-21 所示。

由图 3-21 可以看出，整流侧交流系统单相接地故障时，整流侧有功功率、A 相上桥臂电流、直流电压暂态过程的波形都吻合得很好，仿真精度很高。由于交流侧单相接地，系统不对称运行并且功率产生缺额，因此传输功率下降并产生较大波动，直流电压下降，桥臂电流产生较大波动，故障消失后逐渐恢复正常。

2. CPU 仿真时间对比

分别搭建 11 电平、49 电平、101 电平、201 电平的单端双半桥 MMC 子模块

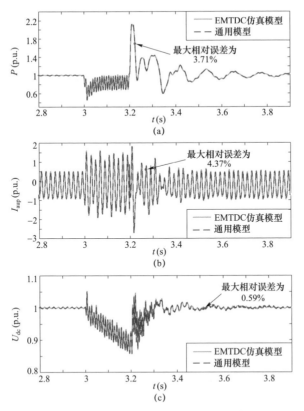

图 3-21 整流侧交流系统单相接地故障波形对比

（a）有功功率；（b）A 相上桥臂电流；（c）直流电压

系统的 EMTDC 仿真模型和通用模型，并对二者的 CPU 仿真时间进行对比，计算对应的加速比，如表 3-7 所示。仿真总时长为 1s，仿真步长为 20μs。

表 3-7 CPU 仿 真 时 间 对 比

电平数	EMTDC 模型仿真时间（s）	通用模型仿真时间（s）	加速比
11	71.3	4.4	16.2
49	8344	8.3	1005.3
101	63078	14.4	4380.4
201	364156	30.1	12098.2

注 加速比为 EMTDC 仿真模型仿真时间与通用模型仿真时间比值。

EMTDC 仿真模型与通用模型 CPU 仿真时间对比如图 3-22 所示。由图 3-22 可知，通用模型的 CPU 仿真时间的双对数曲线斜率接近 1，说明通用模型的 CPU 仿真时间随电平数近似呈线性增加，而 EMTDC 仿真模型的曲线斜率明显大于 1，EMTDC 仿真模型的 CPU 仿真时间随电平数呈非线性增加。

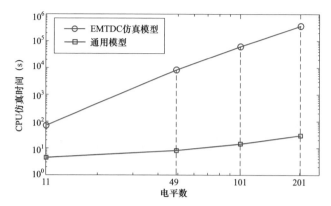

图 3-22　EMTDC 仿真模型与通用模型 CPU 仿真时间对比

　　由表 3-7 也可以看出，在相同电平数下，EMTDC 仿真模型的 CPU 仿真时间要明显长于通用模型，且当电平数越高时这一差距越明显。

4

直流电网机电—电磁暂态混合仿真

含多端柔性直流或直流电网的交直流混联系统规模日益扩大，对电力系统仿真有了更高要求：① 要求在仿真过程中既能够模拟大规模混联系统的机电暂态过程，同时又能够模拟柔性直流系统快速详细的电磁暂态过程；② 要求准确模拟区域电网之间、大区与局部系统之间的相互作用。传统的数字暂态仿真已不能满足上述要求，机电暂态仿真不能准确、详细地模拟系统局部快速变化过程；电磁暂态仿真受速度和规模的限制无法对全系统进行仿真。机电—电磁暂态混合仿真技术综合了机电暂态仿真和电磁暂态仿真的优点，对大规模常规电力系统进行机电暂态仿真，对重点关注的局部区域或者特定元件采用电磁暂态仿真。机电—电磁暂态混合仿真技术可以较好地协调系统的仿真规模、仿真精度与仿真速度之间的矛盾，为大规模电力系统的稳定性和动态特性分析提供了新的方法和途径。

4.1 机电—电磁暂态混合仿真基本原理

4.1.1 电磁暂态仿真方法分析

4.1.1.1 电磁暂态网络计算模型

目前广泛应用的电磁暂态分析方法主要有状态变量法和离散网络法两种。离散网络法通过建立电容和电感等元件的电压和电流微分关系式，将数值积分公式表示为差分关系式。在选定数值计算的积分公式之后，电感（或电容）元件在各个时间离散点上即化成等效的电阻（或电导）和等值的电流源（或电压源）相并联（或串联）的等值网络，这种网络称为离散网络（或暂态计算网络）。离散网络使网络的电磁暂态分析成为在各个离散时间点上一系列纯电阻（或电导）网络的分析计算。也就是说，在一个积分步长 Δt 内（如 $t-\Delta t \sim t$），常微分方程将被转换成相应的差分方程。它描述了 t 时刻的电压、电流与 $t-\Delta t$ 时刻的电压、电流之间的相互关系，而 $t-\Delta t$ 时刻的电压和电流是前一个步长的计算结果，对于本步长的计算来说是已知量。进而，这些差分方程可以用一种由纯电阻和电流源构成的电路来代替，以反映 t 时刻未知电压和电流之间的关系，其中电阻的大小取决于元件的参数和积分步长，而电流源的大小则由 $t-\Delta t$ 时刻的电压值和电流值确定。这样，网络的求解可以表示为如下代数方程的形式

$$\boldsymbol{GV}(t) = \boldsymbol{I}(t-\Delta t) \tag{4-1}$$

式中：$\boldsymbol{G}$ 为电网等值电导矩阵，常数矩阵，仅在网络参数或拓扑结构变化时改变；$\boldsymbol{V}(t)$ 为 t 时刻电网中各节点电压，待求量；$\boldsymbol{I}(t-\Delta t)$ 为 $t-\Delta t$ 时刻网络的等值电流源，在 t 时刻为已知量。

4.1.1.2 电磁暂态数值积分法

通过数值积分法可对离散化的网络模型进行求解。数值积分法主要考虑以下影响因素：截断误差、微分项属性、误差传播和频率响应。

电力系统电磁暂态仿真需要详细考察元件的动态特性。目前，电力系统仿真软件多采用隐式梯形积分法或欧拉法对元件进行建模。隐式梯形积分法会滤去接于电压源的电感上的高频电流；在电流强迫流经电感的情况下，又会放大跨接于电感上的高频电压。在前一情况下，梯形积分法的作用如积分器，它的性能很好；但在后一情况下，它作为微分器时性能很差，其结果表现为当电流的导数突变时会出现数值振荡。为避免在这种情况下的数值振荡，常采用下述带阻尼的隐式梯形积分方法。

对于一阶微分方程

$$\frac{\mathrm{d}y}{\mathrm{d}t} = f[y(t), t] \tag{4-2}$$

积分时引入一个阻尼系数 α，则差分方程可写为

$$y_{n+1} = y_n + \frac{\Delta t}{2}\left[(1+\alpha)f_{n+1} + (1-\alpha)f_n\right] \tag{4-3}$$

引入阻尼系数 α 后，积分法将随 α 变化而变化。如果 $\alpha < 1$，振荡将会被阻尼，显然可以看出：

（1）当 $\alpha = 0$ 时，积分方法变为纯隐式梯形积分法。

（2）当 $\alpha = 1$ 时，积分方法变为后退欧拉法。

（3）当 $0 < \alpha < 1$ 时，积分方法介于纯隐式梯形积分法和后退欧拉法之间，其精度也介于它们之间。

4.1.2 机电暂态仿真方法分析

4.1.2.1 机电暂态网络计算模型

电力系统机电暂态仿真主要用于分析电力系统的稳定性，即用来分析当电力系统在某一正常运行状态下受到某种干扰后，能否经过一定的时间后回到原来的运行状态或过渡到一个新的稳定运行状态的问题，主要包括系统受到大扰动后的暂态稳定和受到小扰动后的静态稳定性能。

电力系统遭受大干扰后是否能继续保持稳定运行的主要标志：① 各机组之间的相对角摇摆是否逐步衰减；② 局部地区的电压是否崩溃。通常，大干扰后的暂态过程会出现两种可能的结局：① 各发电机转子间相对角度随时间的变化呈摇摆状态，且振荡幅值逐渐衰减，各机组之间的相对转速最终衰减为零，各节点电压逐渐回升到接近正常值，系统回到扰动前的稳态运行状态，或者过渡到一个新的稳态运行状态，在此运行状态下，所有发电机仍然保持同步运行，电力系统保持暂态稳定；② 暂态过程中某些发电机转子之间的相对角度随时间不断增大，使这些发电机之间失去同步或者局部地区电压长时间很低，电力系统失去暂态稳定。发电机失去同步后，会导致系统功率和电压的强烈振荡，部分发电机和负荷被迫切除，在严重情况下，甚至导致系统解列或瓦解。

电力系统暂态稳定的数学模型主要包括网络部分和发电机、负荷等元件部分两大部分。

网络部分包括各电压等级的输电线路和变压器，主要采用集中参数元件进行等值。在忽略电磁暂态过程的前提下，网络方程常用节点电压方程表示

$$YV = I \tag{4-4}$$

式中：I、V 分别为电力网络节点电流和节点电压组成的列矩阵；Y 为节点导纳矩阵。

元件部分的数学模型主要是一阶微分方程组。因此，暂态稳定计算数学模型的一般形式可写为

$$\left.\begin{array}{l} \dfrac{\mathrm{d}x}{\mathrm{d}t} = \phi(x, y) \\ 0 = F(x, y) \end{array}\right\} \tag{4-5}$$

式中：x 为元件的状态变量，即具有机械惯性或电磁惯性的变量，如 E_q''、E_d''、E_{fd}、ω、δ 等；y 为电力系统的运行参量，如 V、I、P、Q 等。

式（4-5）中，第一组方程式表示描述电力系统有关元件动态特性的微分方程，微分方程的阶数取决于计算中等值同步发电机的台数及其他需计及动态特

性元件（如静态无功补偿元件、直流输电元件）的台数和对每个元件描述的深度；第二组方程式表示电力网络的代数方程，代数方程（即网络方程）的阶数决定于计算系统的节点数。

4.1.2.2 机电暂态数值求解方法

电力系统暂态稳定计算是以遭受大扰动时刻的运行状态作为初始状态（通常把这个时刻定为 $t=0$），对式（4-5）形式的微分方程和代数方程用某种数值解法推算 $t=0$ 以后系统运行状态的变化过程，并随时根据系统故障的演变及操作修改式（4-5）的具体内容。式（4-5）是非线性的，由于故障和操作等原因，其中有些方程中的函数还是不连续的，因此，只能用某种数值解法离散地求出与某一时间序列 t_0、t_1、$\cdots$、t_m 相对应的状态变量和运行参数 (x_0, y_0)、(x_1, y_1)、(x_2, y_2)、$\cdots$、(x_m, y_m)。时间间隔 $\Delta t = t_{n+1} - t_n$ 为 t_n 时刻的步长，各时刻的步长可取为相等的，也可取为不相等的，由选用的积分方法而定。

应用数值求解方法计算暂态稳定时，在每一个积分步长内必须同时求解微分方程和代数方程，目前有两种不同的方法：交替求解法和联立求解法。其中，交替求解法是目前暂态稳定分析所采用的主要方法。交替求解时，微分方程的数值积分法和代数方程的求解方法原则上可以分别进行选择。

1. 欧拉法

考虑一阶微分方程

$$\frac{\mathrm{d}x}{\mathrm{d}t} = f(t, x)$$
$$x(t_0) = x_0 \tag{4-6}$$

式中：$f(x,t)$ 为 x、t 的非线性函数。

在很多工程实际问题中，函数 $f(x,t)$ 中不显含时间变量 t，因此往往表现为以下的形式

$$\frac{\mathrm{d}x}{\mathrm{d}t} = f(x)$$
$$x(t_0) = x_0 \tag{4-7}$$

2. 改进欧拉法

在应用欧拉法时，由各时段始点计算出的导数值 $\left.\dfrac{\mathrm{d}x}{\mathrm{d}t}\right|_n = f(x_n, t_{n+1})$ 被用于 $[t_n, t_{n+1}]$ 整个时段，即积分曲线的各折线段斜率仅由响应时段的始点决定，因而给计算造成较大的误差。如果各折线段斜率取该时段始点数值与终点数值的平

均值，则可以得到比较精确的计算结果。改进欧拉法就是根据这个原则提出来的计算方法。

对于式（4-7），设定初值为 $t_0=0$ 时 $x(t_0)=x_0$，下面具体介绍改进欧拉法的求解步骤。

为了求 $t_1=h$ 时的函数值 x_1，首先用欧拉法求 x_1 的近似值

$$x_1^{(0)} = x_0 + \frac{dx}{dt}\Big|_0 h \qquad (4-8)$$

其中

$$\frac{dx}{dt}\Big|_0 = f(x_0, t_0) \qquad (4-9)$$

当 $x_1^{(0)}$ 由式（4-8）求得以后，即可将 t_1、$x_1^{(0)}$ 代入式（4-8），求出该时段末导数的近似值

$$\frac{dx}{dt}\Big|_1^{(0)} = f\left(x_1^{(0)}, t_1\right) \qquad (4-10)$$

然后就可以用 $\frac{dx}{dt}\Big|_0$ 和 $\frac{dx}{dt}\Big|_1^{(0)}$ 的平均值来求 x_1 的改进值

$$x_1^{(1)} = x_0 + \frac{\frac{dx}{dt}\Big|_0 + \frac{dx}{dt}\Big|_1^{(0)}}{2} h \qquad (4-11)$$

3. 龙格—库塔法

改进欧拉法以 $[t_n, t_{n+1}]$ 区间两点的导数（或斜率）推算 x_{n+1}，拟合了积分函数泰勒级数的前三项，从而使局部截断误差达到了 $0(h^3)$ 阶。由此得到启发：是否可以利用 $[t_n, t_{n+1}]$ 区间上更多点的导数去推算 x_{n+1}，以便拟合泰勒级数更多的项数。龙格—库塔法就是基于这种原理建立起来的微分方程数值解法。最常用的是四阶龙格—库塔法，以 $[t_n, t_{n+1}]$ 区间四个点的导数去推算 x_{n+1}，从而拟合了泰勒级数的前五项

$$x_{n+1} = x_n + x_n'h + x_n''\frac{h^2}{2!} + x_n'''\frac{h^3}{3!} + x_n^{(4)}\frac{h^4}{4!} + 0(h^5) \qquad (4-12)$$

4. 微分方程的隐式梯形积分迭代法

采用稳式梯形积分迭代法求解微分方程，采用直接三角分解和迭代相结合的方法求解网络方程，微分方程和网络方程交替迭代，直至收敛，以完成一个

时段 Δt 的求解。

微分方程组 $\mathrm{d}x/\mathrm{d}t = \Phi(x, y)$ 的求解原理与单变量微分方程式的求解方法一致。设微分方程式

$$\frac{\mathrm{d}x}{\mathrm{d}t} = f(x, t) \tag{4-13}$$

当 t_n 处函数值 x_n 已知时，可按式（4-14）求出 $\Delta t = t_{n+1} - t_n$ 处的函数值 x_{n+1}

$$x_{n+1} = x_n + \int_{t_n}^{t_{n+1}} f(x, t)\mathrm{d}t \tag{4-14}$$

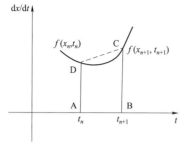

式（4-14）中的定积分相当于图 4-1 中曲线多边形 $ABCD$ 的面积。

当步长 Δt 足够小时，函数 $f(x, t)$ 在 $t_n \sim t_{n+1}$ 的曲线可以近似地用直线代替，如图 4-1 中虚线所示。这样，阴影部分的面积就可以用梯形 $ABCD$ 的面积来代替，因此，式（4-14）可以改写为

图 4-1 梯形积分法的几何解释

$$x_{n+1} = x_n + \frac{\Delta t}{2}\Big[f\left(x_n, t_n\right) + f\left(x_{n+1}, t_{n+1}\right)\Big] \tag{4-15}$$

式（4-15）即为梯形积分法的差分方程，也就是将微分方程转换成代数方程求解。由于式（4-15）等号的右侧也含有待求量 x_{n+1}，这种隐式形式很难直接求解，通常采用如下的迭代方法

$$x_{n+1}^{(K+1)} = x_n + \frac{\Delta t}{2}\Big[f\left(x_n, t_n\right) + f\left(x_{n+1}^{(K)}, t_{n+1}\right)\Big] \tag{4-16}$$

式中：K 为迭代次数，并设 $x_{n+1}^{(0)} = x_n$。

这样，按式（4-16），由 $x_{n+1}^{(0)}$ 求 $x_{n+1}^{(1)}$，再由 $x_{n+1}^{(1)}$ 求 $x_{n+1}^{(2)}$，依此类推，直至

$$\left|x_{n+1}^{(K+1)} - x_{n+1}^{(K)}\right| < \varepsilon \tag{4-17}$$

式（4-16）即是梯形隐积分的迭代方程式。可以根据函数 f 具体表达式对式（4-16）进行整理，使之更有利于收敛。

数值积分方法用于微分方程组，可独立求出 x，单独求解代数方程组得到 y，显然，积分方法和代数方程的求解方法可以互相独立。在进行电力系统暂态稳定分析时，需要寻求的是微分—代数方程组的联立解，这里的关键问题是微分方程和代数方程的交替处理。

一般情况下，x 和 y 的求解按照某种指定方式交替进行，在交替求解法中，

微分方程组采用显示法和隐式法求解也有所不同。下面给出在已知 t 时刻的量 $x_{(t)}$ 和 $y_{(t)}$，求 $t+\Delta t$ 和 $y_{(t+\Delta t)}$ 的例子。

当用式（4-12）所示的显示四阶龙格—库塔法求解微分方程组时，计算步骤如下：

（1）计算向量 $k_1 = \Delta t f[x_{(t)}, y_{(t)}]$。

（2）计算向量 $x_1 = x_{(t)} + k_1/2$，然后求解代数方程组 $0 = g(x_1, y_1)$ 得到 y_1，最后计算向量 $k_2 = \Delta t f(x_1, y_1)$。

（3）计算向量 $x_2 = x_{(t)} + k_2/2$，然后求解代数方程组 $0 = g(x_2, y_2)$ 得到 y_2，最后计算向量 $k_3 = \Delta t f(x_2, y_2)$。

（4）计算向量 $x_3 = x(t) + k_3/2$，然后求解代数方程组 $0 = g(x_3, y_3)$ 得到 y_3，最后计算向量 $k_4 = \Delta t f(x_3, y3)$。

（5）最后得到 $x_{(t+\Delta t)} = x_{(t)} + (k_1 + 2k_2 + 2k_3 + k_4)/6$，相应的求解代数方程组 $0 = g[x_{(t+\Delta t)}, \ y_{(t+\Delta t)}]$ 得到 $y_{(t+\Delta t)}$。

4.1.2.3 机电暂态分析基本流程

在系统遭受干扰后的整个暂态过程中，描述系统动态特性的微分—代数方程组实际上是非自治、不连续的。微分方程和代数方程的组成在暂态过程中可能发生变化，即它们是"故障或操作"的内容及其发生时刻 t 的函数。系统可能发生的"故障或操作"有很多，如短路故障、切除输电设备、输电线路继电保护及自动重合闸动作、串联电容强行补偿以及制动电阻投入或退出等，在这些情况下，电力网络的结构或/和参数将会发生变化，因此需要在计算过程中相应改变代数方程；如切除发电机、投入强行励磁、进行快速汽门控制等，将使发电机组有关元件的结构或/和参数发生变化，因此需要改变相应的微分方程。除了"故障或操作"外，一些调节系统调幅环节的存在，也会导致在暂态过程中微分方程和代数方程的不连续。

通常将系统遭受大干扰的时刻定为初始时刻（即 $t=0$），在对微分—代数方程组采用某种数值方法求解过程中，可以根据系统的运行状态利用适当的判据判断系统的稳定性，机电暂态分析的基本流程如图 4-2 所示。

在进行暂态分析前，首先应利用潮流计算程序求出干扰前系统的运行状态。即由潮流计算得到各节点的电压及注入功率，然后计算出系统的运行参量 $y_{(0)}$，并由此计算出状态变量的初始值 $x_{(0)}$，详见图 4-2 中的①、②。

图 4-2 中③是根据各元件所采用的数学模型形成相应的微分方程，并根据所用的求解方法形成相应的电力网络方程。应当注意的是，在暂态稳定计算中

的网络模型和在潮流计算中有所区别，前者应考虑发电机和负荷的影响，将在后述小节论述。

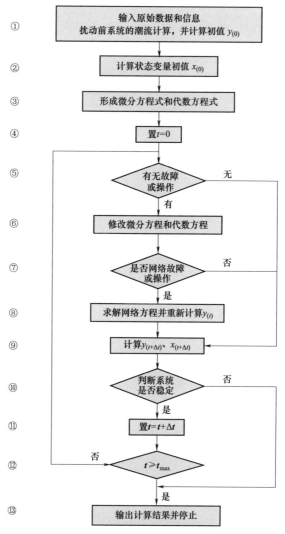

图 4-2 机电暂态分析的基本流程

图 4-2 中④进入暂态过程计算，目前大多数程序中，积分步长 Δt 取为固定不变的常数。假定暂态过程中的计算已进行到 t 时刻，这时的 $\boldsymbol{x}_{(t)}$ 和 $\boldsymbol{y}_{(t)}$ 为已知量，在计算 $\boldsymbol{x}_{(t+\Delta t)}$ 和 $\boldsymbol{y}_{(t+\Delta t)}$ 时应首先检查在 t 时刻系统有无故障或操作，如果有故障或操作，则需对微分方程和代数方程式进行修改，见图 4-2 中的⑤和⑥。而且当故障或操作发生在电力网络内时，系统运行参量 $y_{(t)}$ 可能发生突变，因此必须重新求解网络方程。以得到故障或操作后的运行参量 $y_{(t+0)}$，见图 4-2 中⑦和⑧。

由于状态变量不会发生突变，因而故障或操作前后的 $x_{(t)}$ 和 $x_{(t+0)}$ 相同。

图 4-2 中⑨是微分代数方程组的计算，根据 $x_{(t)}$ 和 $y_{(t)}$ 采用交替求解法或联立求解法得到 $x_{(t+\Delta t)}$ 和 $y_{(t+\Delta t)}$ 的值，然后在⑩中利用适当的判据（如可以采用任意两台发电机转子间的相互摇摆角超过 180° 作为系统失稳的判据）进行系统稳定性的判断，如果系统失去稳定则打印计算结果并停止计算；否则将时间向前推进 Δt，进行下一步的计算，直至到达预定的时刻 $t_{\max}$。

$t_{\max}$ 的大小与所研究问题的性质有关。当仅关心第一摇摆周期系统的稳定性时，通常取 $t_{\max}=1\sim1.5s$，这时的暂态稳定计算可采用较多的简化，如可以忽略调速器的作用而假定原动机的机械功率保持不变，可以把励磁调节系统的作用近似考虑为在暂态过程中保持发电机暂态电势不变。对于大规模互联电力系统，系统失去稳定的过程发展较慢，往往需要计算到几秒甚至十几秒才可能判断出系统是否稳定，这种情况下，必须用更复杂的模型来模拟系统的暂态过程，如计及发电机组励磁调节系统和原动机调速系统的作用，考虑直流输电系统，考虑其他控制装置的作用等。一个商业化的暂态稳定分析程序，至少应满足以下基本要求：

（1）有足够的准确度，整个暂态过程中发电机转子角度的最大相对误差较小。

（2）算法可靠，数值积分方法的数值稳定性和任何迭代过程中的收敛性要好。

（3）占用内存小，使得一定容量的计算机可以进行大系统的计算。

（4）使用灵活且容易维护，可根据不同需要组织相应的模型进行计算，模型修改容易。

在程序的构成上需要在计算速度、精度、可靠性、内存占用灵活性等方面之间进行综合权衡。

4.1.3　混合仿真实现方法

根据研究目的的不同，电力系统暂态仿真通常分为电磁暂态仿真和机电暂态仿真。电磁暂态仿真主要用于分析和计算故障或操作后可能出现的暂态过电压和过电流，以及系统谐波和波形畸变；机电暂态仿真主要用于分析电力系统稳定性，着重研究系统受扰后的动态行为和保持同步稳定运行的能力。根据以上的研究可以看出，两类暂态过程仿真在变量表示、仿真时间、模型建立等方面都存在差异（见表 4-1）。具体来说：

（1）电磁暂态仿真通常描述过程持续时间为纳秒、微秒、毫秒级的系统快速暂态特性，典型计算步长为 50μs；而机电暂态仿真通常描述过程持续时间为几秒到几十秒的系统暂态稳定特性，典型计算步长为 10ms。可以看出，电磁暂态仿真与机电暂态仿真的典型计算步长相差约 200 倍。

（2）电磁暂态计算采用 ABC 三相瞬时值表示，可以描述系统三相不对称、波形畸变以及高次谐波叠加等特性；机电暂态计算基于工频正弦波假设条件，将系统由三相网络经过线性变换转换为相互解耦的正序、负序、零序网络分别计算，系统变量采用基频相量表示，因此，机电暂态仿真只能反映系统工频特性及低频振荡等特性。

（3）电磁暂态计算元件模型采用网络中广泛存在的电容、电感等元件构成的微分方程或偏微分方程描述；而机电暂态网络计算中，系统元件模型采用相量方程线性表示。相对于电磁暂态模型，输电线路和同步电机的机电暂态模型都根据仿真条件做了一定程度的简化。

（4）从直流系统的仿真来看，电磁暂态仿真中换流器的每个阀臂均采用可控硅开关模型，并考虑缓冲电路的影响，可以详细模拟交流系统发生不对称故障后三相电压不平衡情况下换流阀的工作情况，包括换相失败工况等；机电暂态仿真多采用准稳态模型模拟，其中换流器（包括整流器和逆变器）本身的暂态过程忽略不计，以稳态方程式表示，因此，对于不对称故障对换流阀工作的影响、逆变器的换相失败等都不能准确模拟。

表 4-1　　　　　　　　　　电磁暂态、机电暂态仿真方法比较表

项目	电磁暂态仿真	机电暂态仿真
仿真变量表示	瞬时值	基频相量有效值
仿真条件	不限，可以模拟高次谐波叠加、三相不对称、波形畸变等	基于三相对称，工频正弦波假设条件
动态元件模拟方式（如电感）	微分方程求解 $u_L = L\dfrac{di_L}{dt}$	相量求解 $\tilde{V}_L = \tilde{i}_L \cdot j\omega L$
仿真计算步长	微秒级（50us）	毫秒级（10ms）

4.2　机电—电磁暂态混合仿真网络边界划分

4.2.1　网络边界划分原则

为尽量减小电磁暂态仿真的规模，常选择换流变压器一次侧母线处作为分网节点（内网母线），此时需要满足对应故障下电压不对称较小、电压畸变可忽

略等条件；另一种方式为在电气量波形畸变较小处分网，即接口位置延伸到交流系统内部。

本章中的网络边界划分原则借鉴缓冲网的等值模型建立方法，采用第二种分网策略，研究待化简的外部系统中与系统关联度较强且对研究系统稳态和暂态性能有很大影响的节点或支路，将其保留在网络边界等值模型中，作为关键节点进行详细的电磁暂态仿真，以防止因消去而导致的误差。在实际应用中，获得实时量测数据时需要保证一致的采样时间，以免产生边界功率失配问题。另外，尽量减少外网量测中的坏数据对内部系统状态估计的影响。

4.2.2 网络边界划分方法

节点间电气联系的紧密程度可定义为功率传递路径上，节点间能量传递距离和能量传递大小；而电气距离主要指能量传递的距离，同时能量传递的大小会对其产生一定影响。

目前计算电气距离的方法大体可分为两类：一类方法是采用节点间的输入阻抗来衡量两个节点的电气距离；另一类方法是采用由潮流雅可比矩阵演化而来的灵敏度矩阵。由于第二类方法更能量化两个节点之间电压的相互影响，因此本书重点介绍如何采用第两类方法来计算电气距离。

4.2.2.1 归一化的灵敏度因子法

采用归一化的灵敏度因子法可以分析对内网节点影响较大的关键节点和重要支路。需要计算的分布因子主要包括两类：① 联络线有功潮流相对于外网发电机、负荷有功功率变化和外网线路开断的分布因子；② 边界节点电压幅值和联络线无功潮流相对于外网发电机端电压、外部母线无功负荷、变压器变比和外网线路开断的分布因子。研究表明，控制变量的微小变化，会引起系统的状态变量或者输出变量相应的变化。两者的微分关系，即为灵敏度指标。

有学者构造了某种形式的矩阵作为灵敏度指标，称为灵敏度矩阵。该灵敏度矩阵并不是各节点灵敏度指标的简单组合，而实际是潮流雅可比矩阵的改进和变形，该矩阵的性质用以判断整个系统的电压稳定性。

按照变量划分方法，灵敏度分析所采用的系统方程可以写为

$$F(X,U,\alpha)=0 \tag{4-18}$$

$$Y=(X,U,\alpha) \tag{4-19}$$

式（4-18）的状态方程中包括 PQ 节点的有功功率和无功功率平衡方程以及 PV 节点的有功功率平衡方程；式（4-19）的输出方程中可以包含 PV 节点无

功功率平衡方程、网络损耗方程、平衡节点方程、支路潮流方程等各种输出方程。对式（4-18）和式（4-19）分别求微分，考虑各变量之间的相互关系，状态变量和输出变量对某一控制变量 U_k 的灵敏度表达式分别为

$$\frac{\mathrm{d}X}{\mathrm{d}U_k}=-\left(\frac{\partial F}{\partial X}\right)^{-1}\frac{\partial F}{\partial U}\frac{\mathrm{d}U}{\mathrm{d}U_k} \tag{4-20}$$

$$\frac{\mathrm{d}Y}{\mathrm{d}U_k}=\left[\frac{\partial G}{\partial X}\left(\frac{\partial F}{\partial X}\right)^{-1}\frac{\partial F}{\partial U}+\frac{\partial G}{\partial U}\right]\frac{\mathrm{d}G}{\mathrm{d}U_k} \tag{4-21}$$

典型的灵敏度因子主要有边界节点电压幅值的灵敏度因子、边界节点联络线路无功灵敏度因子和边界节点联络线路有功灵敏度因子等。

边界节点电压幅值的灵敏度因子：

$$\left\{\frac{\mathrm{d}V}{\mathrm{d}V_g},\frac{\mathrm{d}V}{\mathrm{d}Q_L},\frac{\mathrm{d}V}{\mathrm{d}tap},\frac{\mathrm{d}V}{\mathrm{d}y}\right\}$$

边界节点联络线路无功灵敏度因子：

$$\left\{\frac{\mathrm{d}q}{\mathrm{d}V_g},\frac{\mathrm{d}q}{\mathrm{d}Q_L},\frac{\mathrm{d}q}{\mathrm{d}tap},\frac{\mathrm{d}q}{\mathrm{d}y}\right\}$$

边界节点联络线路有功灵敏度因子：

$$\left\{\frac{\mathrm{d}p}{\mathrm{d}P_g},\frac{\mathrm{d}p}{\mathrm{d}P_L},\frac{\mathrm{d}p}{\mathrm{d}y},\frac{\mathrm{d}p}{\mathrm{d}\theta}\right\}$$

下面分别以 $\dfrac{\mathrm{d}V}{\mathrm{d}V_g}$、$\dfrac{\mathrm{d}V}{\mathrm{d}Q_L}$、$\dfrac{\mathrm{d}V}{\mathrm{d}tap}$ 为例进行说明。

1. 发电机端电压对负荷节点电压的灵敏度

当发电机母线电压改变 ΔV_G 时，假定负荷母线的无功功率 Q_D 不变，这时负荷母线电压的改变量为 ΔV_D。

PQ 分解法潮流计算的 Q—V 迭代方程为

$$-L\Delta V=\Delta Q \tag{4-22}$$

式中：ΔV、ΔQ 分别为负荷母线（PQ 母线）的电压改变量和无功改变量。

如果将发电机母线（PV 母线）增广到式（4-22）中，则有

$$-\begin{bmatrix}L_{DD} & L_{DG}\\ L_{GD} & L_{GG}\end{bmatrix}\begin{bmatrix}\Delta V_D\\ \Delta V_G\end{bmatrix}=\begin{bmatrix}\Delta Q_D\\ \Delta Q_G\end{bmatrix} \tag{4-23}$$

当调整 V_G 时，假定负荷母线注入无功不变，即 $\Delta Q_D=0$，则式（4-23）第一式为

$$L_{DD}\Delta V_D + L_{DG}\Delta V_G = 0 \qquad (4-24)$$

则有

$$\begin{cases} \Delta V_D = S_{DG}\Delta V_G \\ S_{DG} = -L_{DD}^{-1}L_{DG} \end{cases} \qquad (4-25)$$

S_{DG} 即为 ΔV_D 和 ΔV_G 之间的灵敏度矩阵（无量纲），利用 S_{DG}，可以找到控制负荷母线最有效的发电机，从而对负荷母线电压进行定量控制。如果不是调整所有发电机母线电压，而只是调整其中的一部分，这时 L_{DG} 只取相应发电机有关的列。

但是当存在直流输电系统时，发电机端电压发生变化引起的负荷母线电压发生变化将导致换流器需要的无功功率发生变化，这时 $\Delta Q_D \neq 0$，上述灵敏度计算方法不再适用。此时选择发电机电压幅值 V_G 为控制变量，选择交流输电系统 PV 节点电压相角、PQ 节点电压幅值和相角作为状态变量，即 $x=[V^T, \theta^T]^T$，将 PQ 节点母线电压幅值 V_{pq} 作为研究对象方程，即

$$V_{pq} = V^{pq}(x, V_G) \qquad (4-26)$$

交直流混合输电系统的潮流计算修正方程式为约束方程 h，即

$$h = (x, V_G, X_{dc}) = \begin{bmatrix} \Delta P \\ \Delta Q \end{bmatrix} = \begin{bmatrix} P^{sp} - P^{ac}(x, V_G) - P^{dc}(x, V_G, X_{dc}) \\ Q^{sp} - Q^{ac}(x, V_G) - Q^{dc}(x, V_G, X_{dc}) \end{bmatrix} \qquad (4-27)$$

式中：P^{sp}、Q^{sp} 分别为节点的给定有功功率和无功功率；P^{ac}、Q^{ac} 分别为根据电压计算得到的节点注入有功功率和无功功率；P^{dc}、Q^{dc} 分别为换流器传输的有功功率和需要的无功功率，它们是控制变量和状态变量的函数。

由于直流输电系统控制方式和控制参数均不发生变化，因此直流输电系统的状态变量 X_{dc} 是交流输电系统电压幅值的函数，可以将 X_{dc} 表示为状态变量 x 和控制变量 V_G 的函数，即

$$X_{dc} = X^{dc}(x, V_G) \qquad (4-28)$$

因此

$$h = (x, V_G) = \begin{bmatrix} \Delta P \\ \Delta Q \end{bmatrix} = \begin{bmatrix} P^{sp} - P^{ac}(x, V_G) - P^{dc}[x, V_G, X_{dc}(x, V_G)] \\ Q^{sp} - Q^{ac}(x, V_G) - Q^{dc}[x, V_G, X_{dc}(x, V_G)] \end{bmatrix} \qquad (4-29)$$

求出研究对象方程 V_{pq} 和约束方程 h 对控制变量 V_G 和状态变量 x 的偏导数，并将计算结果带入式（4-30）即可求得需要的灵敏度矩阵

$$S_{V_{pq}V_G} = \frac{\partial V_{pq}}{\partial V_G^T} + \frac{\partial V_{pq}}{\partial x^T} S_{xV_G} \qquad (4-30)$$

其中

$$S_{xV_G} = -\left[\frac{\partial h}{\partial x^T}\right]^{-1} \frac{\partial h}{\partial V_G^T} \qquad (4-31)$$

2. 发电机无功功率对负荷节点电压的灵敏度

若将 ΔQ_G 作为控制变量,研究 ΔV_D 与发电机无功输出量 ΔQ_G 之间的灵敏度关系,令

$$\begin{bmatrix} R_{DD} & R_{DG} \\ R_{GD} & R_{GG} \end{bmatrix} = -\begin{bmatrix} L_{DD} & L_{DG} \\ L_{GD} & L_{GG} \end{bmatrix}^{-1} \qquad (4-32)$$

当发电机无功输出功率变化 ΔQ_G 时,假定负荷母线无功不变,即 $\Delta Q_D = 0$,于是有

$$\Delta V_D = R_{DG} \Delta Q_G \qquad (4-33)$$

式中:R_{DG} 为 ΔV_D 与 ΔQ_G 之间的灵敏度矩阵,R_{DG} 具有阻抗量纲。

3. 变压器变比对负荷节点电压的灵敏度

假设变压器变比改变 Δt,若此时发电机母线电压及负荷母线无功功率注入不变,则由灵敏度关系

$$\Delta Q_D = \left[\frac{\partial \Delta Q_D}{\partial V_D^T}\right] \Delta V_D + \left[\frac{\partial \Delta Q_D}{\partial t^T}\right] \Delta t = 0 \qquad (4-34)$$

得到

$$\Delta V_D = T_{Dt} \Delta t \qquad (4-35)$$

其中

$$T_{Dt} = -\left[\frac{\partial \Delta Q_D}{\partial V_D^T}\right]^{-1} \left[\frac{\partial \Delta Q_D}{\partial t^T}\right] \qquad (4-36)$$

式中:T_{Dt} 为 ΔV_D 和 Δt 之间的灵敏度矩阵;$[\partial \Delta Q_D / \partial t^T]$ 由稀疏列矢量组成的,行对应负荷节点号,列对应可调变压器之路,每列最多只有两个非零元素,分别在变压器支路的两个端点位置上。

如果变压器支路两端节点中有一个是发电机母线,则该节点为 PV 节点,由于 PV 节点中不出现无功偏差量 ΔQ_D,所以 $[\partial \Delta Q_D / \partial t^T]$ 中相对应的列矢量中只有一个非零元素,它在 PQ 节点的端节点位置上。

同理,若分别选取有功类和无功类灵敏度,以支路有功、无功灵敏度因子

为例进行说明。

P_k 和 Q_k 分别表示节点的无功功率和有功功率

$$P_{ij} = -U_i^2 G_{ij} + U_i U_j [G_j \cos(\delta_i - \delta_j) + B_{ij} \sin(\delta_i - \delta_j)] \quad (4-37)$$

$$Q_{ij} = U_i^2 B_{ij} + U_i U_j [G_{ij} \sin(\delta_i - \delta_j) - B_{ij} \cos(\delta_i - \delta_j)] \quad (4-38)$$

则有

$$\frac{\mathrm{d}P_{ij}}{\mathrm{d}P_k} = \frac{\partial P_{ij}}{\partial V_i}\frac{\mathrm{d}V_i}{\mathrm{d}P_m} + \frac{\partial P_{ij}}{\partial V_j}\frac{\mathrm{d}V_j}{\mathrm{d}P_m} + \frac{\partial P_{ij}}{\partial \delta_i}\frac{\mathrm{d}\delta_i}{\mathrm{d}P_m} + \frac{\partial P_{ij}}{\partial \delta_j}\frac{\mathrm{d}\delta_j}{\mathrm{d}P_m} \quad (4-39)$$

$$\frac{\mathrm{d}Q_{ij}}{\mathrm{d}Q_k} = \frac{\partial Q_{ij}}{\partial V_i}\frac{\mathrm{d}V_i}{\mathrm{d}Q_m} + \frac{\partial Q_{ij}}{\partial V_j}\frac{\mathrm{d}V_j}{\mathrm{d}Q_m} + \frac{\partial Q_{ij}}{\partial \delta_i}\frac{\mathrm{d}\delta_i}{\mathrm{d}P_m} + \frac{\partial Q_{ij}}{\partial \delta_j}\frac{\mathrm{d}\delta_j}{\mathrm{d}Q_m} \quad (4-40)$$

4. 外网线路开断的分布因子

为分析网络结构改变时的支路导纳灵敏度，引入导纳系数 λ_{ij}，即 $Y_{ij} = \lambda_{ij}Y_{ij}'$

$$P_i = \sum_{j=1}^{n} K_{ij}[e_i(G_{ij}e_j - B_{ij}f_j) + f_i(G_{ij}f_j - B_{ij}e_j)] \quad (4-41)$$

同样，利用节点电压作为中间变量，内网节点功率注入对 λ_{ij} 的灵敏度表达式为

$$\frac{\partial P_c}{\partial \lambda_{ij}} = (e_c^2 + f_c^2)G_{cc} + \sum_{\substack{j=1\\j\neq c}}^{2n}\frac{\partial P_c}{\partial X_j}\frac{\partial X_j}{\partial \lambda_{ij}} \quad (4-42)$$

其中，$\frac{\partial P_c}{\partial X_j}$ 可由潮流雅可比矩阵求得。为求取 $\frac{\partial X_j}{\partial \lambda_{ij}}$，引入 $P_{ij} = \lambda_{ij}P_{ij0}'$，$P_{ij}$ 为支路有功功率，P_{ij}' 为支路初始有功功率。

将支路功率表达式两边分别对 λ_{kl} 求导可得

$$\begin{cases} \sum_{d\in ij}\frac{\partial T_{ij}}{\partial X_d}\cdot\frac{\partial X_d}{\partial \lambda_{kl}} = P_{kl0}' & (k=i \text{ 且 } l=j) \\ \sum_{d\in ij}\frac{\partial T_{ij}}{\partial X_d}\cdot\frac{\partial X_d}{\partial \lambda_{kl}} = 0 & (k\neq i \text{ 或 } l\neq j) \\ \sum_{d\in ij}\frac{\partial R_{ij}}{\partial X_d}\cdot\frac{\partial X_d}{\partial \lambda_{kl}} = 0 \end{cases} \quad (4-43)$$

将式（4-43）表示为

$$\mathbf{M} = \mathbf{JD} \quad (4-44)$$

式中：$\mathbf{J}$ 为支路功率的雅克比矩阵；向量 $\mathbf{M}$ 中元素个数为所有环网中支路数的两倍，除 $\partial P_{kl}/\partial \lambda_{kl}$ 外其他皆为零；向量 $\mathbf{D}$ 中元素的个数为所有节点个数的两倍，

且其中的元素就是 $\partial X_j / \partial \lambda_{kl}$。

用矩阵形式表示为

$$
\begin{bmatrix} 0 \\ \vdots \\ 0 \\ P'_{kl0} \\ 0 \\ \vdots \\ 0 \end{bmatrix} = \begin{bmatrix} J_{11} & J_{12} & \cdots & J_{1a} \\ J_{21} & J_{22} & \cdots & J_{2a} \\ \vdots & \vdots & \vdots & \vdots \\ J_{c1} & J_{c1} & \cdots & J_{ca} \\ \vdots & \vdots & \vdots & \vdots \\ \vdots & \vdots & \vdots & \vdots \\ J_{b1} & J_{b2} & \cdots & J_{ba} \end{bmatrix} \begin{bmatrix} \partial e_1 / \partial \lambda_{kl} \\ \partial f_1 / \partial \lambda_{kl} \\ \partial e_2 / \partial \lambda_{kl} \\ \partial f_2 / \partial \lambda_{kl} \\ \vdots \\ \partial e_n / \partial \lambda_{kl} \\ \partial f_n / \partial \lambda_{kl} \end{bmatrix} \tag{4-45}
$$

下标 a 和 b 分别代表节点数的两倍和电网预处理后需要计算的支路数的两倍。$\boldsymbol{J}$ 中非零元素的表达式如下

$$
\begin{cases} J_{2l-1,2i-1} = -G_{ij}e_j + B_{ij}f_j \\ J_{2l-1,2i} = -G_{ij}f_j - B_{ij}e_j \\ J_{2l-1,2j-1} = -G_{ij}e_j - B_{ij}f_j \\ J_{2l-1,2j} = -G_{ij}f_j + B_{ij}e_j \\ J_{2l,2i-1} = -J_{2l-1,2i} \\ J_{2l,2i} = J_{2l-1,2i-1} \\ J_{2l,2j-1} = J_{2l-1,2j} \\ J_{2l,2j} = -J_{2l-1,2j-1} \end{cases} \tag{4-46}
$$

由于 $\boldsymbol{J}$ 未必是方阵，故需先对其进行处理。即

$$
\boldsymbol{J}^{\mathrm{T}}\boldsymbol{M} = \boldsymbol{J}^{\mathrm{T}}\boldsymbol{J}\boldsymbol{D} \tag{4-47}
$$

向量 $\boldsymbol{D}$ 前面的矩阵就可以转化为方阵了，则有

$$
\boldsymbol{D} = (\boldsymbol{J}^{\mathrm{T}}\boldsymbol{J})^{-1}\boldsymbol{J}^{\mathrm{T}}\boldsymbol{M} \tag{4-48}
$$

得向量 $\boldsymbol{D}$，即得到 $\dfrac{\partial X_j}{\partial \lambda_{ij}}$，带入到式（4-42）中，即可得到该运行方式下，各支路开断对内网节点注入功率的影响因子。

此外，不同支路参数和不同的平衡节点选择也会对灵敏度分析造成影响。从以上灵敏度因子的计算公式可见，节点注入功率对线路潮流的灵敏度既是支路两端节点电压的函数，又与支路的参数有关。灵敏度与支路电抗之间并非简单的线性关系。当系统中某条支路的电阻值不为零时，灵敏度的数值与支路的电阻和电抗值有关，且与支路电阻和电抗的平方和成反比，当系统中由于故障或者其他原因使得支路参数发生变化时，相应的支路潮流对节点注入功率的灵敏度也将发生变化。另一方面，在电力系统分析计算中，平衡机主要起到保持

整个系统功率平衡的作用，其功率注入由系统运行状况决定，是一个非可控量，在计算节点注入功率对支路潮流的灵敏度时，一般都将其数值设为 0，即不考虑平衡机功率变动的影响。如前文所述，支路正方向过载时，应该消减具有正的最大值灵敏度发电机节点的出力，如果此时计算得出的所有发电机节点灵敏度数值都小于 0，那么平衡机节点应该参与"切机"控制；同理，当支路反方向过载时，也会出现类似的情况。

在灵敏度因子法的实际应用中，一般需要考虑外部参数最大波动值（调整）可能造成的影响。这时就不得不考虑边界参数的电压等级（电压幅值）或容量（线路），因此引入了归一化的灵敏度因子（normalized LEVEL-of-impact，NLI）。根据灵敏度分析，确定联络线功率或边界节点电压相对于外网元件的解耦线性分布因子，经规格化后将这些分布因子与事先规定的阈值相比较，超出此阈值的支路或发电机被认为是对内部系统影响较大的外网元件，保留在缓冲网中用详细模型表示。

这两类分布因子可分别利用 PQ 分解法潮流中的有功、无功解耦线性化模型加以计算。用分布因子选择缓冲网构成元件的方法还不能完全取代人工经验的选择方法。

有功解耦线性模型可由式（4-49）表示为

$$P = B'\theta \tag{4-49}$$

外网发电机、负荷有功功率变化 ΔP_k 引起联络线有功功率变化 ΔP_{ij} 的分布因子为

$$SP_{(ij)k} = \frac{\Delta P_{ij}}{\Delta P_k} \tag{4-50}$$

直接计算式（4-50）需分别计算每个外网注入功率变化时功率分布因子，利用互易定理有

$$SP_{k(ij)} = \frac{\Delta \theta_k}{\Delta \theta_{ij}} = \frac{\Delta P_{ij}}{\Delta P_k} = SP_{(ij)k} \tag{4-51}$$

以 $\Delta \theta_{ij}$ 为唯一微增激励，式（4-49）左侧项可表示为

$$\begin{matrix} i \to \\ j \to \end{matrix} \begin{bmatrix} 1 \\ -1 \end{bmatrix} b_{ij}\Delta\theta_{ij} \tag{4-52}$$

令 $\Delta \theta_{ij} = 1$，由式（4-51）可直接计算为

$$SP_{k(ij)} = SP_{(ij)k} = \Delta\theta_k \tag{4-53}$$

联络线 $k-l$ 功率变化相对于外网支路 $i-j$ 开断的分布因子可由式（4-54）求得

$$\Delta P_{kl} = \frac{b_{kl}(A_{ki} - A_{kj} - A_{li} + A_{lj})}{1 - b_{ij}(A_{ii} + A_{jj} - 2A_{ij})} \bullet P_{ij} = D_{(k-l,i-j)} \bullet P_{ij} \qquad （4-54）$$

式中：$A = B'^{-1}$；P_{ij} 为外网支路 $i-j$ 上的有功功率；$D_{(k-l,i-j)}$ 为支路开断分布因子。

所有联络线相对于外网元件潮流的分布因子在进行比较之前需要先做规格化处理，如式（4-55）所示

$$NLI = \frac{BSF \times MEC}{ER} \qquad （4-55）$$

其中：BSF 为边界参数的灵敏度分布因子；MEC 为外部系统元件参数的最大期望变化值（外部负荷变化和发电机功率变化的范围）；ER 为边界参数的极限值，计算边界节点电压幅值的 NLI 时取为该节点电压等级，计算传输线潮流的 NLI 时取为线路的热稳定极限。

根据内网电磁暂态研究的不同侧重点，可设置几种 NLI 指标，据此确定外网保留的关键节点。

4.2.2.2 网络边界划分步骤

根据以上的讨论，网络边界划分步骤可归纳如下：

（1）确定待研究交直流混联系统的内网节点。

（2）计算灵敏度因子，并分析不同潮流算法、支路参数和平衡节点选择对灵敏度因子的影响。

（3）计算关于内网节点的 NLI 指标并进行排序，小于要求的阈值则并入原内网节点系统构成网络边界。

（4）针对步骤（3）所建立得网络边界进行补充建模，并利用在线匹配算法确定新并入节点的当前状态。

（5）通过外网线路开断的分布因子（线路导纳灵敏度）对上述排序结果进行适当修正。

（6）选定内部网络，并在内网边界建模。

4.3 基于时域的网络等值方法

4.3.1 静态网络等值

静态网络等值实质上就是网络化简的过程，将原网络节点集划分为内部系

统节点集 *I*、边界系统节点集 *B* 和外部系统节点集 *E*，电力系统原始网络如图 4-3 所示。在等值过程中，将内部系统节点集 *I* 与边界系统节点集 *B* 划分为研究区域予以保留，将外部系统节点集 *E* 划分出的外部区域进行网络化简，使在等值后内部网络中进行的稳态分析与在全网未等值系统中所做的分析结果相同或者十分接近。

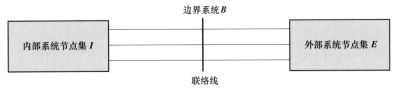

图 4-3 电力系统原始网络

当对系统的静态行为进行研究时，采用静态网络等值对互联电力系统进行处理计算的步骤如下：

（1）根据给定的全网参数和注入量，计算全网潮流，称等值前系统的状态为基态。

（2）消去外部网络，求出与基态相对应的模拟外部系统的等值网络及其参数。

（3）利用等值后的网络，对内部系统进行研究。

4.3.1.1　Ward 等值的基本原理

对于线性系统来说，Ward 等值是一种比较严格的等值方法，分为相互独立的两部分进行：一是构成等值网络；二是在边界节点添加等值注入功率。前者决定于外部系统的网络参数，后者只与外部系统的网络运行数据有关。

在计算等值后边界节点的注入功率时，将发电机和负荷分开处理，即将外部发电机和负荷分别等值，而不是将发电机和负荷进行代数求和后再等值。则图 4-3 所示网络的节点电压方程可写为

$$\begin{bmatrix} Y_{EE} & Y_{EB} & 0 \\ Y_{BE} & Y_{BB} & Y_{BI} \\ 0 & Y_{IB} & Y_{II} \end{bmatrix}\begin{bmatrix} V_E \\ V_B \\ V_I \end{bmatrix} = \begin{bmatrix} I_E \\ I_B \\ I_I \end{bmatrix} \tag{4-56}$$

此方法的核心是用高斯消去法将式（4-56）化简成只包含角标 B、I 的公式，即消去外部系统节点集 *E*，可以推出

$$\begin{bmatrix} Y_{BB} - Y_{BE}Y_{EE}^{-1}Y_{EB} & Y_{BI} \\ Y_{IB} & Y_{II} \end{bmatrix}\begin{bmatrix} \dot{V}_B \\ \dot{V}_B \end{bmatrix} = \begin{bmatrix} \dot{I}_B - Y_{BE}Y_{EE}^{-1}\dot{I}_E \\ \dot{I}_I \end{bmatrix} = \begin{bmatrix} \dot{I}_B \\ \dot{I}_I \end{bmatrix} \tag{4-57}$$

式中：$\dot{I}_B$ 为等值边界节点的注入电流；$\dot{I}_I$ 为系统内部节点电流。

在实际的电网中，一般给定的是节点注入功率而不是节点注入电流，所以将式（4-57）变形为

$$\begin{bmatrix} Y_{BB} - Y_{BE}Y_{EE}^{-1}Y_{EB} & Y_{BI} \\ Y_{IB} & Y_{II} \end{bmatrix} \begin{bmatrix} \dot{V}_B \\ \dot{V}_I \end{bmatrix} = \begin{bmatrix} \left(\dfrac{\dot{S}_B}{\dot{V}_B}\right)^* - Y_{BE}Y_{EE}^{-1}\left(\dfrac{\dot{S}_E}{\dot{V}_E}\right)^* \\ \left(\dfrac{\dot{S}_I}{\dot{V}_I}\right)^* \end{bmatrix} \qquad (4-58)$$

由式（4-58）可知，等值边界节点注入电流 $\dot{I}_B$ 是边界节点以及外部节点电压的函数。当功率给定时，由于系统内部发生扰动可以使外部系统节点电压发生变化，外部系统等值到边界的电流 $\dot{I}_B$ 也是变化的，所以 Ward 等值在这种情况下有一定的误差。

4.3.1.2 潮流等值的基本原理

潮流等值法等值网络见图 4-4。潮流等值法需要计算各区域的端口潮流如下

$$S_{si} = V_{si}I_{si}^* \qquad (i=1,2) \qquad (4-59)$$

$$S_{ri} = V_{ri}I_{ri}^* \qquad (i=1,2) \qquad (4-60)$$

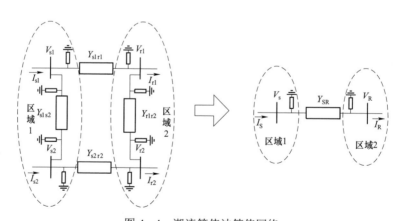

图 4-4　潮流等值法等值网络

则输入端与接收端系统的潮流为

$$S_S = S_{s1} + S_{s2} \qquad (4-61)$$

$$S_R = S_{r1} + S_{r2} \qquad (4-62)$$

输入端电压与输出电压分别为

$$V_S = \frac{S_S}{I_S^*} \tag{4-63}$$

$$V_R = \frac{S_R}{I_R^*} \tag{4-64}$$

潮流等值法的线路导纳为

$$Y_{SR} = \frac{I_S - I_R}{V_S - V_R} \tag{4-65}$$

4.3.1.3　静态安全分析评价指标

对电力系统外部区域网络化简后，研究区域稳态潮流分析结果与原始系统计算结果难免存在一定的等值误差。在实际电力系统稳态分析中，潮流结果的绝对误差无法很好评估等值系统的精度，系统运行人员主要关心等值误差对电网安全性的影响程度。因此，本文采用等值前后电力系统研究区域稳态分析结果的相对误差 e_r 来表示等值误差，其具体表达式为

$$e_r = \left| \frac{x - x^{eq}}{x} \right| \times 100\% \tag{4-66}$$

式中：x 和 x^{eq} 分别为实际值与估计值，实际值是在内网、外网拓扑结构与状态信息均为已知情况下计算出的潮流结果，估计值是指外网采用等值模型计算出的潮流值。

4.3.2　动态网络等值

动态网络等值是指保留研究系统不变，在保证对研究系统动态影响不畸变的条件下，对外部系统进行简化的过程。动态网络等值问题相对复杂，大扰动下各发电机相互影响以至传播到整个系统，控制系统也参与其中。对系统进行研究的侧重点不同，采用的动态网络等值方法也不同。在现代电力系统安全稳定分析中，实用的动态网络等值方法可分为三大类：基于发电机同调特性的同调等值法、基于外部系统线性化模型和特征值性质的模式等值法和基于量测数据辨识外部区域动态等值参数的估计等值法。

4.3.2.1　同调等值法

转子振荡趋势和性质较相近的发电机判别为同调，将其划分在一组，即同调机群，同调机群内的发电机认为是刚性连接的，可以用一台等值机表示。

同调等值法可以分为 5 个步骤：① 划分研究系统和外部系统，等值过程中保留研究区域不变，仅对外部区域做等值简化；② 判别外部系统同调机群；③ 同调发电机母线合并化简；④ 网络化简；⑤ 同调发电机动态聚合。其中，

判别同调机群和同调发电机动态聚合是两个非常关键的步骤。

1. 发电机的同调识别

同调识别是根据发电机组动态行为的相似度来区分，故能保留系统的主要动态特征。所谓同调就是指当电力系统受到扰动后，如果发电机之间的功角差在给定时段内基本维持恒定，则认为这些发电机是同调的。即满足

$$\max\left|\Delta\delta_i(t)-\Delta\delta_j(t)\right|<\varepsilon \tag{4-67}$$

在系统发生故障的情况下通过数值积分法求解发电机转子的运动轨迹，得到转子摇摆曲线 $\Delta\delta(t)$，然后根据式（4-67）即可进行同调识别。

2. 同调发电机的动态聚合

同调发电机动态聚合是把同调机群内的所有发电机聚合为一台等值发电机，其关键是如何得到等值发电机的参数。根据实际情况，聚合时等值发电机模型可用简化模型，也可用详细模型。

同调发电机动态聚合时做如下假定：① 同调发电机具有相同的角速度 ω；② 同调发电机转移到等值母线上；③ 等值发电机的机械功率和电磁功率分别等于同调机群内各发电机的机械功率和电磁功率之和。采用基于加权法的聚合方法，在加权法中，权重为同调机群中各发电机额定容量与等值发电机额定容量的比值，然后对等值发电机参数进行求解，等值发电机的容量为同调发电机的容量和。即

$$S_G=\sum_j S_i \tag{4-68}$$

式中：S_G 为等值发电机的容量；S_i 为同调机群中发电机 i 的容量。

设第 i 台同调发电机转子的运动方程为

$$T_{Ji}\frac{\mathrm{d}\omega_i}{\mathrm{d}t}=P_{mi}-P_{ei}-D_i(\omega_i-1) \tag{4-69}$$

式（4-69）中各参数均为以第 i 台发电机额定功率作为基准容量计算得到的标幺值，将其转换至统一的等值发电机基准容量 S_i 下，并改写为

$$\left(T_{Ji}\frac{\mathrm{d}\omega_i}{\mathrm{d}t}\right)\frac{S_i}{S_G}=[P_{mi}-P_{ei}-D_i(\omega_i-1)]\frac{S_i}{S_G} \tag{4-70}$$

在假定同调发电机转速相同的情况下，将同调发电机的方程式叠加，可得

$$\sum_i\left(\frac{S_i}{S_G}T_{Ji}\right)\frac{\mathrm{d}\omega}{\mathrm{d}t}=\sum_i\left\{\frac{S_i}{S_G}[P_{mi}-P_{ei}-D_i(\omega_i-1)]\right\} \tag{4-71}$$

等值发电机的转子运动方程为

$$T_{\text{JG}}\frac{\mathrm{d}\omega}{\mathrm{d}t} = P_{\text{mG}} - P_{\text{eG}} - D_{\text{G}}(\omega - 1) \tag{4-72}$$

根据动态等值前后转子运动方程一致性可知，式（4-71）和式（4-72）中的参数存在以下关系

$$\begin{cases} T_{\text{JG}} = \sum_i \dfrac{S_i}{S_{\text{G}}} T_{\text{J}i} = \dfrac{\sum\limits_i S_i T_{\text{J}i}}{\sum\limits_i S_i} \\[4mm] D_{\text{G}} = \sum_i \dfrac{S_i}{S_{\text{G}}} D_i = \dfrac{\sum\limits_i S_i D_i}{\sum\limits_i S_i} \\[4mm] P_{\text{mG}} = \sum_i \dfrac{S_i}{S_{\text{G}}} P_{\text{m}i} = \dfrac{\sum\limits_i S_i P_{\text{m}i}}{\sum\limits_i S_i} \\[4mm] P_{\text{eG}} = \sum_i \dfrac{S_i}{S_{\text{G}}} P_{\text{e}i} = \dfrac{\sum\limits_i S_i P_{\text{e}i}}{\sum\limits_i S_i} \end{cases} \tag{4-73}$$

4.3.2.2 模式等值法

模式等值法是基于外部系统线性化模型和特征值性质进行降阶的等值简化方法。假定研究区域内的扰动对外部区域影响不大，故外部系统可以线性化，同时待等值的外部系统只要求保留对研究系统较大的特征根，而外部系统中那些频率较高、衰减较快的特征根可以忽略不计，从而可形成一个低阶的外部等值系统。

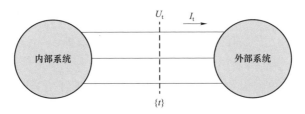

图4-5 模式等值法原理示意图

模式等值法原理示意图如图4-5所示。将系统划分为图4-5所示的内部系统（研究区域）和外部系统，母线集{t}中同时有线路和内部系统、外部系统相关联，外部系统的非线性方程为

$$p\boldsymbol{X} = \boldsymbol{F}(\boldsymbol{X}, \boldsymbol{U}_{\text{t}}) \tag{4-74}$$

式中：$p = \mathrm{d}/\mathrm{d}t$；$\boldsymbol{X}$ 为外部系统的系统状态量；$\boldsymbol{U}_t$ 为外部系统的边界条件。

将式（4-74）线性化，再加上外部系统端电流与端电压间代数方程，则外部系统的完整线性化方程为

$$\begin{cases} p\boldsymbol{X} = \boldsymbol{A}\Delta\boldsymbol{X} + \boldsymbol{B}\Delta\boldsymbol{U}_t \\ \Delta\boldsymbol{I}_t = \boldsymbol{C}\Delta\boldsymbol{X} + \boldsymbol{D}\Delta\boldsymbol{U}_t \end{cases} \qquad (4-75)$$

式中：$\Delta\boldsymbol{I}_t$ 为 $\dot{I}_t$ 的实部和虚部增量构成的列向量；$\boldsymbol{A}$、$\boldsymbol{B}$、$\boldsymbol{C}$、$\boldsymbol{D}$ 为系数矩阵，同系统的结构、参数和运行工况有关。

当边界条件给定时，$\Delta\boldsymbol{X}$ 初值已知时，外部系统有确定的数值解。

计算矩阵 $\boldsymbol{A}$ 特征根及特征向量矩阵为

$$\begin{cases} \boldsymbol{\Lambda} = \mathrm{diag}(\lambda_1, \lambda_2, \cdots, \lambda_n) \\ \boldsymbol{U} = [u_1, u_2, \cdots, u_n] \end{cases} \qquad (4-76)$$

其中，$Au_i = \lambda_i u_i$，从而有 $\boldsymbol{AU} = \boldsymbol{U\Lambda}$。定义线性变换 $\Delta\boldsymbol{X} = \boldsymbol{U}\Delta\boldsymbol{Z}$，则式（4-76）可进一步表示为

$$\begin{cases} p\Delta\boldsymbol{Z} = \boldsymbol{\Lambda}\Delta\boldsymbol{Z} + \boldsymbol{E}\Delta\boldsymbol{U}_t \\ \Delta\boldsymbol{I}_t = \boldsymbol{G}\Delta\boldsymbol{Z} + \boldsymbol{D}\Delta\boldsymbol{U}_t \end{cases} \qquad (4-77)$$

对于新状态量 $\Delta\boldsymbol{Z}$，由于 $\boldsymbol{\Lambda}$ 为对角阵，从而实现了解耦。对于 $\boldsymbol{\Lambda}$ 中的特征根，忽略其中快速衰减和高频的特征值，只保留其主特征根，即衰减缓慢的低频模式，由式（4-77）可形成一个低阶的外部系统，即为所求的等值外部系统。

4.3.2.3 估计等值法

由于无法准确获得外部区域电网数据，传统等值方法无法适用于实际需求。广域量测系统（Wide Area Measurement System，WARMS）在电力系统广泛应用，使得互联区域电力系统的边界母线及联络线路的状态可以及时获得，基于量测数据辨识外部区域动态等值参数的估计等值法快速发展。

1. 动态等值参数辨识原理

设原始系统（包括内部系统和外部系统）的线性化方程为（外部系统等值模型预先设定）

$$\begin{cases} \dot{\boldsymbol{X}} = \boldsymbol{AX} + \boldsymbol{d} \\ \boldsymbol{Y} = \boldsymbol{HX} \end{cases} \qquad (4-78)$$

式中：$\boldsymbol{X}$ 为状态量（增量）；$\boldsymbol{d}$ 为人为扰动的时间函数；$\boldsymbol{Y}$ 为输出量；$\boldsymbol{A}$ 为系数矩阵；$\boldsymbol{H}$ 为输出矩阵。

在系统中实测 $Y(t)$，并根据估计的外部参数 α 计算 $\tilde{Y}(\alpha, t)$，要求二者偏差 e

为最小，目标函数 J 取为 e 的函数，通过更新参数 α，反复迭代直到目标函数 $J \to \min$，可取最小二乘误差函数为

$$J = \int_{t_0}^{t_\infty} [Y(t) - \tilde{Y}(\alpha,t)]^{\mathrm{T}} R [Y(t) - \tilde{Y}(\alpha,t)] \mathrm{d}t \qquad (4-79)$$

式中：R 为权系数对角矩阵；～表示估计值。

动态等值参数辨识原理框图如图 4-6 所示。

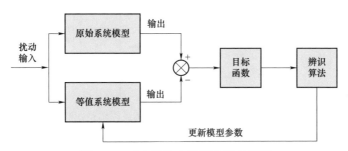

图 4-6　动态等值参数辨识原理框图

2. 动态等值参数辨识流程

首先，以研究区域的边界母线电压及联络线功率作为输入，辨识外部区域等值发电机的暂态电抗 x_d'；然后，根据发电机电气参数间的关系，估计等值发电机的内电势及转子角 δ 状态；最后，以等值发电机有功功率输出与原始系统联络线有功功率误差最小为目标函数，基于最小二乘辨识等值发电机的惯性时间常数 T_j、阻尼系数 D 和机械功率输出 P_m。动态等值参数辨识流程如图 4-7 所示。

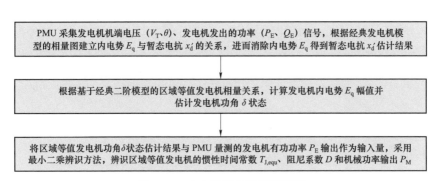

图 4-7　动态等值参数辨识流程

3. 发电机暂态电抗 x_d' 的估计

电力系统动态模型一般可用一组微分—代数方程表示

$$\begin{cases} \dot{x} = f(x,z,p,t) \\ 0 = g(x,z,p,t) \end{cases} \qquad (4-80)$$

式中：x 为状态向量；z 为代数向量；p 与 t 分别为参数向量与时间变量。

根据研究区域边界母线及区域间联络线电气信息，辨识外部区域等值参数向量 p。电力系统动态等值过程示意图如图 4-8 所示。

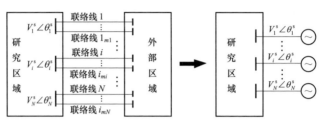

图 4-8　电力系统动态等值过程示意图

首先，确定研究区域边界母线数量 N 及每处边界母线连接外部区域联络线数量，在研究区域边界母线 i 处，将外部区域等值为一台虚拟发电机，等值发电机均采用经典二阶模型来描述，外部区域动态等值模型如图 4-9 所示。假设研究区域边界母线 i 通过 m_i 条联络线路连接外部区域，则等值系统中与该母线相连的等值机功率输出（$P_{\text{equ},i}$、$Q_{\text{equ},i}$）及机端电压相量（$\dot{V}_{\text{equ},i}$）分别为

$$\begin{cases} P_{\text{equ},i} = -(P_i + \cdots + P_{m_i}) \\ Q_{\text{equ},i} = -(Q_i + \cdots + Q_{m_i}) \\ \dot{V}_{\text{equ},i} = V_i^s \angle \theta_i^s \end{cases} \qquad (4-81)$$

式中：P_i、$\cdots$、P_{mi} 和 Q_i、$\cdots$、Q_{mi} 分别表示研究区域边界母线通过联络线 i、$\cdots$、m_i 流向外部区域的有功功率和无功功率；m_i 表示研究区域边界母线 i 与外部区域间相连的联络线数量；V_i^s 与 θ_i^s 分别为研究区域边界母线 i 的电压幅值与相角。

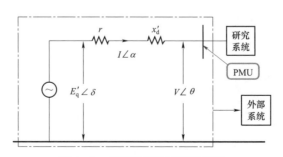

图 4-9　外部区域动态等值模型

等值系统由保留的研究区域及 N 台等值发电机构成，连接研究区域边界母线 i 的等值发电机转子运动方程为

$$\begin{cases} \dfrac{\mathrm{d}\delta_i}{\mathrm{d}t} = (\omega_i - 1)\omega_0 \\[3mm] T_{j,i} \dfrac{\mathrm{d}\omega_i}{\mathrm{d}t} = P_{\mathrm{m},i} - P_{\mathrm{e},i} - D_i(\omega_i - 1) \end{cases} \tag{4-82}$$

根据基尔霍夫电压定律，图 4-9 所示等值发电机暂态电抗后内电势 E'_{q} 与机端电压、电流及暂态电抗关系 x'_{d} 的关系式为

$$E'_{\mathrm{q}} \angle \delta = V \angle \theta + \mathrm{j}x'_{\mathrm{d}} \cdot I \angle \alpha \tag{4-83}$$

式中：V、θ 分别为外部区域等值发电机机端电压幅值与相角，即研究区域边界母线电压幅值与相角；I、α 分别为外部区域等值发电机机端电流幅值与相角。

外部区域动态等值模型空间相量图如图 4-10 所示，对图 4-10 中三角形中相量 $\dot{V}$ 与 $\mathrm{j}\dot{I}x'_{\mathrm{d}}$ 的夹角应用余弦定理，得表达式

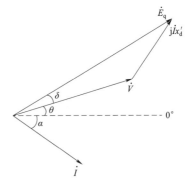

图 4-10 外部区域动态等值空间向量图

$$\begin{aligned} E'^2_{\mathrm{q}} &= V^2 + I^2 \cdot x'^2_{\mathrm{d}} - 2x'_{\mathrm{d}} \cdot V \cdot I \cdot \cos\left(\theta + \alpha + \frac{\pi}{2}\right) \\ &= V^2 + I^2 \cdot x'^2_{\mathrm{d}} + 2x'_{\mathrm{d}} \cdot V \cdot I \cdot \sin(\theta + \alpha) \\ &= V^2 + I^2 \cdot x'^2_{\mathrm{d}} + 2x'_{\mathrm{d}} \cdot Q \end{aligned} \tag{4-84}$$

根据经典发电机模型，电力系统受到扰动后，外部区域等值发电机内电势在电力系统动态过程中保持恒定不变。则在每个时间步长内等值机内电势 E'_{q,t_j} 与内电势均值 $\bar{E}'_{\mathrm{q}}$ 有如下关系

$$E'^2_{\mathrm{q},t_j} - \bar{E}'^2_{\mathrm{q}} \approx 0 \tag{4-85}$$

将式（4-84）代入（4-85），整理得

$$V^2_{t_j} - \bar{V}^2 \approx x'_{\mathrm{d}}(\bar{I}^2 - I^2_{t_j}) + 2x'_{\mathrm{d}}(\bar{Q} - Q_{t_j}) \tag{4-86}$$

式中：$\bar{V}^2$ 表示所有时间步长等值发电机机端电压幅值平方和的均值；$\bar{I}^2$ 表示等值发电机机端电流幅值平方和均值；$\bar{Q}$ 表示等值发电机无功功率输出均值。

式（4-86）中，除发电机暂态电抗 x'_{d} 未知外，其余都为已知量，则基于最

小二乘估计暂态电抗的目标函数为

$$\min_{x'_d} \sum_{i=1}^{n} [f(x'_d, x_{data}) - y_{data}]^2 \qquad (4-87)$$

式中：$f(x'_d, x_{data}) = x'_d \cdot x_{data}(1) + 2x'_d \cdot x_{data}(2)$；$y_{data} = V_{t_j}^2 - \bar{V}^2$；$x_{data} = [\bar{I}^2 - I_{t_j}^2; \bar{Q} - Q_{t_j}]$。

由（4-86）辨识得到等值发电机暂态电抗 x'_d 的估计值后，代入（4-83）中计算得到发电机内电势 $E'_{q,t}$ 和转子角状态 δ_t，其中 $t = t_0, t_1, \cdots, t_n$。

4. 惯性常数 T_j 与阻尼系数 D 的估计

将计算得到等值发电机转子角状态 δ_t 与等值发电机有功功率输出 P_{equ} 作为输入，基于最小二乘法辨识外部区域等值发电机惯性常数 T_j 与阻尼系数 D。将式（4-82）合并为

$$\frac{T_j}{\omega_0} \frac{d^2\delta}{dt^2} - P_m + D(\omega - 1) = -P_{equ} \qquad (4-88)$$

由 PMU 量测数据和仿真数据都是离散的，而转子运动方程为微分方程是连续的，故无法直接求取转子角 δ 对时间 t 的导数。采用有限差分法求取离散数据（即发电机转子角 δ、转速 ω）对时间 t 的导数，具体表达式为

$$\begin{cases} \delta'_t = \dfrac{\delta_{t+1} - \delta_{t-1}}{2h} \\[2mm] \delta''_t = \dfrac{\delta_{t+1} - 2\delta_t + \delta_{t-1}}{h^2} \end{cases} \qquad (4-89)$$

式中：δ_t 为 t 时刻通过 PMU 量测数据估计外部区域等值发电机转子角状态；δ'_t 为 t 时刻转子角的一阶导数，即该时刻发电机转子角速度 $\Delta\omega$ 的状态；δ''_t 为 t 时刻转子角的二阶导数；h 为 PMU 量测数据时间步长，实际应用中数值大小取 0.01。

将式（4-89）的计算结果代入式（4-88）中，则除发电机惯性常数 T_j、机械功率输出 P_m 与阻尼系数 D 未知外，其余均为已知量。电力系统受到扰动后，基于经典二阶模型的等值发电机动态过程中机械功率输出 P_m 保持恒定，则在每个数据时间步长 t 内都有如下关系式

$$\begin{cases} \dfrac{T_j}{\omega_0} \delta''_{t_1} - P_m + \dfrac{D}{\omega_0} \delta'_{t_1} = -P_{equ,t_1} \\[3mm] \dfrac{T_j}{\omega_0} \delta''_{t_2} - P_m + \dfrac{D}{\omega_0} \delta'_{t_2} = -P_{equ,t_2} \\[3mm] \qquad\qquad\qquad\vdots \\[2mm] \dfrac{T_j}{\omega_0} \delta''_{t_n} - P_m + \dfrac{D}{\omega_0} \delta'_{t_n} = -P_{equ,t_n} \end{cases} \qquad (4-90)$$

将式（4-87）写为矩阵形式为

$$A \times X = B \qquad (4-91)$$

式中：$A = \begin{bmatrix} \dfrac{\delta''_{t_1}}{\omega_0} & \dfrac{\delta'_{t_1}}{\omega_0} & -1; \cdots; \dfrac{\delta''_{t_n}}{\omega_0} & \dfrac{\delta'_{t_n}}{\omega_0} & -1 \end{bmatrix}$ 表示区域等值发电机功角导数矩阵；$[T_j; D; P_m]$ 表示待估计参数矩阵；$B = [-P_{equ,t_1}; \cdots; -P_{equ,t_n}]$ 表示发电机有功功率输出矩阵。

基于最小二乘估计，外部区域等值发电机惯性常数 T_j、阻尼系数 D 及机械功率输出 P_m 估计结果如下所示

$$\hat{X} = (A \cdot A^T)^{-1} A^T B \qquad (4-92)$$

基于上述方法，通过研究区域边界母线的电气信息量而不需要外部区域详细拓扑结构及运行状态，即可辨识外部区域等值机动态参数，进而构建等值系统替代原始系统对研究区域的动态特性分析。

4.3.2.4 等值前后动态特性评估

在研究区域受到相同的扰动下，通过对比等值系统与原始系统发电机、母线及线路电气量动态特性曲线，验证所提等值模型构建方法的有效性以及评价等值系统替代原始系统进行动态特性分析的效果。

为定量分析等值系统与原始系统在研究区域发生相同故障下动态仿真结果的一致程度，以均方根误差（Root Mean Square Error，RMSE）与曲线拟合度作为评价等值前后研究系统动态特性曲线误差的指标。

RMSE 计算表达式如下

$$\text{RMSE} = \sqrt{\sum_{i=1}^{l} (\hat{y}_i - y_i)^2 \Big/ l} \qquad (4-93)$$

式中：$\hat{y}_i$ 为等值系统动态特性；y_i 为原始系统动态特性；$i = 1, 2, \cdots, l$，l 为动态曲线的数据长度。

原始系统动态仿真数据结果采用有效值，即

$$X_{rms} = \sqrt{\sum_{i=1}^{l} y_i^2 \Big/ l} \qquad (4-94)$$

定义曲线拟合度指标为 $R_{拟合度}$，首先根据式（4-94）计算原始系统仿真曲线均方根值，然后基于 $R_{拟合度}$ 公式计算曲线拟合度指标

$$R_{拟合度} = (1 - \sqrt{\text{RMSE}/X_{rms}}) \times 100\% \qquad (4-95)$$

根据实际工程经验，曲线拟合度达到 90%以上即可满足要求，即等值系统

可以替代原始系统进行动态稳定分析。

4.3.3 频率相关网络等值

在交直流混联系统的电磁暂态仿真中,由于研究系统中换流站电力电子器件存在快速开关动作,其高频暂态过程对外部系统的影响不容忽略,若采用仅能反映工频特征的等值方法简化外部系统将会引起较大的仿真误差。为在更宽的频率范围内反映外部系统特征,频率相关网络等值(Frequency Dependent Network Equivalent,FDNE)应运而生。该等值方法往往基于复频域分析,其特点在于等值网络端口导纳矩阵拥有与原外部系统近似的频率特性。FDNE 在较宽频段内反映了外部系统的特征,因而相对于传统诺顿等值法,具有较好的等值精度。

4.3.3.1 FDNE 基本原理

FDNE 整体拓扑结构及其导纳支路结构如图 4-11 所示,对于任意两个端口 i 与 j,FDNE 由对地导纳支路模块 $y_{ii}(s)$、$y_{jj}(s)$,转移导纳支路模块 $y_{ij}(s)|_{i \neq j}$ 及诺顿电流源组成。每个导纳支路模块 $y_{ij}(s)$ 由典型 RLC 无源网络构成,见图 4-11(a)。

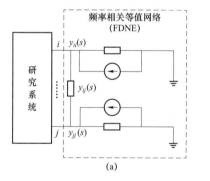
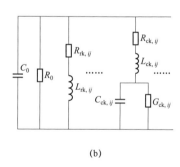

图 4-11　FDNE 整体拓扑结构及其导纳支路结构

(a)FDNE 整体拓扑结构;(b)导纳支路模块 $y_{ij}(s)$ 详细结构

FDNE 的基本原理是,考虑到频域分析中外部系统的端口导纳矩阵 $\boldsymbol{Y}(s)$ 可视为频率的函数,通过求解各 RLC 元件参数值使得估计的 $\hat{\boldsymbol{Y}}(s)$ 在特定频段范围内接近真实 $\boldsymbol{Y}(s)$。求解步骤主要包括:

(1)端口扫频。在特定频段,扫频获取整个端口导纳阵 $\boldsymbol{Y}(s)$ 的估计值,各采样频率点 $s = j\omega$ 对应的 $\boldsymbol{Y}(s)$ 元素记为 $Y_{ij}(s)$。

(2)有理式等值。用频域有理函数式构造 $\hat{\boldsymbol{Y}}(s)$ 各元素 $\hat{Y}_{ij}(s)$,使得 $\hat{Y}_{ij}(s)$ 在特定频段内接近 $Y_{ij}(s)$,具体来说,通过最小二乘原理构建含有理函数式参数的超定线性方程组。

（3）RLC 参数设计。根据步骤（2）中结果计算各 RLC 参数的值。

需注意的是，在步骤（1）中，因为只有线性网络才有端口导纳的概念，所以在对外部系统进行扫频采样前，需将各类非线性元件用简化模型替代。如传输线路可用 PI 模型表示，变压器用理想变压器和漏电抗组合模型表示，同步发电机用基于理想电压源和次暂态电抗的戴维南等效模型表示，各类负荷（含电动机）用 ZIP 模型描述。对于步骤（2）和（3），较为常用的方法是基于矢量拟合的有理式等值法。

4.3.3.2　基于矢量拟合的有理式等值法

有理式等值法是求解 FDNE 各 RLC 元件参数的一种有效手段，多端口 FDNE 导纳矩阵 $\hat{\boldsymbol{Y}}(s)$ 各元素可表达为如下所示的频域有理函数式

$$Y_{ij}(s) \approx \hat{Y}_{ij}(s) = \sum_{k=1}^{NP} \frac{c_{k,ij}}{s - a_k} + d_{ij} + sh_{ij} \qquad (4-96)$$

式中：极点 a_k 与留数 $c_{k,ij}$ 为实数或共轭复数对；常数项 d_{ij} 与一次项系数 h_{ij} 均为实数；NP 为极点个数。

上述参数可通过矢量拟合（Vector Fitting，VF）法辨识，并用以计算各 RLC 元件参数。

基于矢量拟合的有理式等值法流程如图 4-12 所示，主要包括：

（1）外部系统端口扫频。当扫描端口 $i-j$ 时，只在端口 i 处添加频率可变的输入激励 $U_i(s)$，令其余端口接地，获得相应频率下端口 j 处电流输出 $I_j(s)$；在一定频段内完成频率扫描后，得到随频率变化的传递函数曲线 $Y_{ij}(s) = I_j(s) / U_i(s)$。

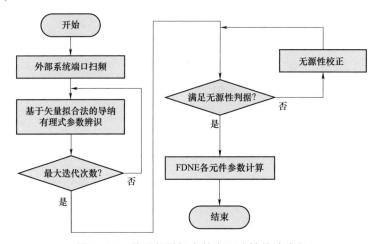

图 4-12　基于矢量拟合的有理式等值法流程

（2）基于 VF 法的导纳有理式参数辨识。本步骤是整个方法的重点。设置极点 $\{a_k\}$ 初始值，使其虚部在步骤（1）所述的频段内均匀分布；根据 $Y(s)$ 在各频率点的值，运用最小二乘法求取 $Y(s)$ 中各未知参数，使得 $Y(s)$ 与 $Y(s)$ 之间的误差最小。

（3）FDNE 各元件参数计算。根据端口导纳矩阵的定义有（4-97）成立，结合式（4-96）可得 $y_{ij}(s)$ 表达式如式（4-98）。

$$y_{ii}(s) = \sum_{j=1}^{n} \hat{Y}_{ij}(s) , \ y_{ij}(s)|_{i \neq j} = -\hat{Y}_{ij}(s) \tag{4-97}$$

$$y_{ij}(s) = \sum_{k=1}^{NP} \frac{\hat{c}_{k,ij}}{s - a_k} + \hat{d}_{ij} + s\hat{h}_{ij} \tag{4-98}$$

其中
$$C_{0,ij} = \hat{h}_{ij} , \ R_{0,ij} = \hat{d}_{ij} \tag{4-99}$$

$$R_{rk,ij} = -a_k / \hat{c}_{k,ij} , \ L_{rk,ij} = 1 / \hat{c}_{k,ij} , \ L_{ck,ij} = 1 / 2\hat{c}_{kx,ij} \tag{4-100}$$

$$R_{ck,ij} = (-2a_{kx} + 2(\hat{c}_{kx,ij}a_{kx} + \hat{c}_{ky,ij}a_{ky})L_{ck,ij})L_{ck,ij} \tag{4-101}$$

$$1 / C_{ck,ij} = (a_{kx}^2 + a_{ky}^2 + 2(\hat{c}_{kx,ij}a_{kx} + \hat{c}_{ky,ij}a_{ky})R_{ck,ij})L_{ck,ij} \tag{4-102}$$

$$G_{ck,ij} = -2(\hat{c}_{kx,ij}a_{kx} + \hat{c}_{ky,ij}a_{ky})C_{ck,ij}L_{ck,ij} \tag{4-103}$$

其中，a_{kx}，a_{ky} 分别表示复极点 a_k 的实部和虚部，$\hat{c}_{kx,ij}$，$\hat{c}_{kx,ij}$ 同理。可见 C_0 和 R_0 分别对应一次项系数 $\hat{h}_{ij}$ 和常数项 $\hat{d}_{ij}$，RL 串联支路对应实数极点，RLCG 串并联支路对应一对共轭极点。

考虑电力系统的实际特点，FDNE 中不同导纳支路采用同一组极点 $\{a_k\}$，其余参数可由（4-104）计算得到

$$\hat{x}_{ii}(s) = \sum_{j=1}^{n} x_{ij}(s) , \ \hat{x}_{ij}(s)|_{i \neq j} = -x_{ij}(s) \ (x = c_k, d, h) \tag{4-104}$$

需要注意的是，当步骤（2）中形成的 $Y(s)$ 实部矩阵在部分频段存在特征根小于或等于零时（这一现象称为无源越界），需要对上述各 $\hat{c}_{ij,k}$ 和常数项 d_{ij} 进行校正，否则等值后系统可能存在时域仿真发散现象。

4.3.3.3 算例验证

采用经修改的 Hydro-Quebec 7 机 29 节点系统来验证 FDNE 方法的有效性，见图 4-13，其中 MTL7 与 QUE7 母线之间添加了一条直流线路。将 North East Network 设为外部系统，采样频率上限设为 1000Hz，采样点服从对数分布。

1. 频域特性分析

外部系统等值前后入端导纳、转移导纳频率特性如图 4-14 所示。

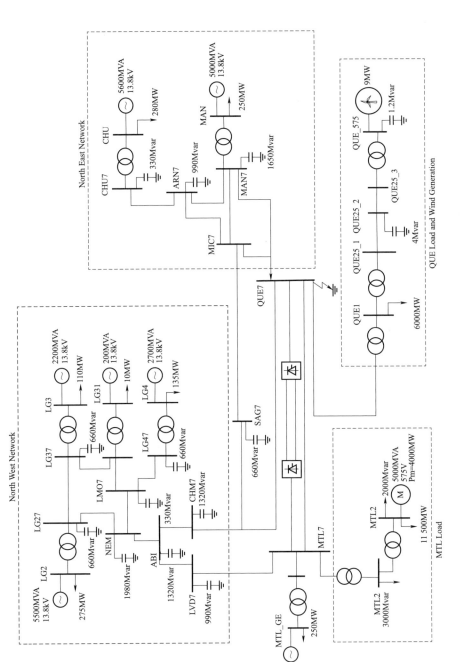

图 4–13 经修改的 Hydro–Quebec 7 机 29 节点系统

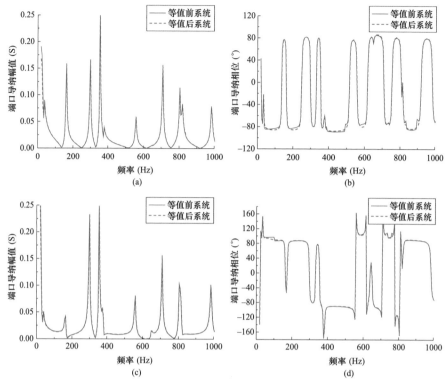

图 4-14　外部系统等值前后入端导纳、转移导纳频率特性

（a）入端导纳 Y11 幅频特性；（b）入端导纳 Y11 相频特性；

（c）转移导纳 Y12 幅频特性；（d）转移导纳 Y12 相频特性

通过图 4-14 的对比可以看出，该双端口等值网络在 0～1000Hz 频段内与原外部系统具有较为相似的频率特性，两者间相对误差小于 10%。

2. 时域特性分析

为验证等值后系统的电磁暂态仿真效果，在 t=0.1s 时在换流站交流侧母线 QUE7 处设置持续 0.05s 的三相短路故障。等值前后 QUE7 母线电压及注入电流如图 4-15 所示。

由图 4-15 可见，等值前后 QUE7 母线电压在暂态过程中，过电压峰值误差在 3% 以内，在稳态时幅值误差在 5% 以内；QUE7 母线注入电流也有类似的效果。可见，将外部系统用 FDNE 等值后，研究系统的时域仿真精度较为理想。

4.3.3.4　双层等值法

若外部系统规模较大、拓扑结构较复杂时，基于上述等值方法得到的 FDNE 阶数可能过高，会加重仿真计算负担。为克服上述困难，有文献提出采用双层等值法，将外部系统进一步拆分为表层系统与深层系统（见图 4-16）：表层系统主要由与研究系统直接相连的传输线路组成；其余为深层系统，进一步对其采用 FDNE 等值。双层等值法的理论依据是，高频暂态过程传播范围有限，外部系统的高频特性主要由与研究系统直接相连的传输线路决定。与原有 FDNE 方法相比，双层等值法扫频范围缩短，待等值系统范围缩小，各导纳支路所需的 RLC 阶数也随之降低，有助于提高电磁暂态仿真计算效率。

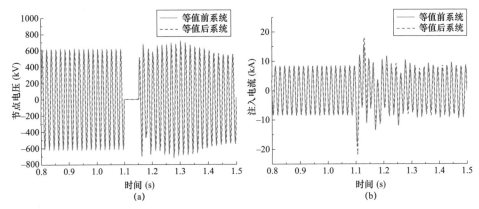

图 4-15   等值前后 QUE7 母线电压及注入电流
（a）QUE7 母线电压；（b）QUE7 注入电流

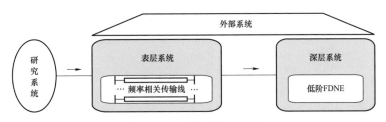

图 4-16   外部系统的分层

另一方面，双层等值法必然涉及两层间的边界划分，若边界位置选择不当，可能会增加 FDNE 的端口个数，虽然每个导纳支路模块所需的 RLC 电路阶数减少，但是 FDNE 的电路总阶数可能不降反升，效果可能适得其反。因此，边界划分问题值得今后进一步深入探讨。

4.4   机电—电磁暂态混合仿真接口算法

4.4.1   接口等值电路

4.4.1.1   机电侧网络等值参数求取

在混合仿真中，计算某一侧系统动态过程时，另一侧需要采用合适的等值电路来代替。一般进行电磁侧仿真时，机电侧采用戴维南等值电路形式。在电网分析中，应用面向端口的戴维南等值和诺顿等值须满足以下两个前提条件：① 网络为线性端口型网络；② 每个端口上净流入的电流代数和为零，即被研究端口和外部网络之间没有电气耦合和电磁耦合。基于以上条件可利用叠加定理将多个感兴趣的节点对引为多个端口，从节点方程推导多端口的戴维南等值电路和诺顿等值电路。

电力网络独立节点数为 N，以大地为参考节点。从中抽出 m 个感兴趣的端口，这 m 个端口分别用下标"α、β、$\cdots$、m"来表示，相应端口上的节点用(p, q)、(k, l)等来表示。每一个端口上第一个节点的电流以流出网络为正，第二个节点以流入为正，二者大小相等，第一个节点和第二个节点的电压降作为端口电压的正方向。不失一般性，第二个节点可作为参考节点。

多端口网络示意图如图 4-17 所示，首先引入节点—端口关联矢量和节点—端口关联矩阵的概念。以端口 α 为例，若其上的端节点 p、q 都不是参考节点，则其对应的 $N \times 1$ 维节点—端口关联矢量为

$$\boldsymbol{M}_\alpha = \begin{bmatrix} 0 & \dots & \underset{p}{1} & \dots & \underset{q}{-1} & \dots & 0 \end{bmatrix}^{\mathrm{T}} \tag{4-105}$$

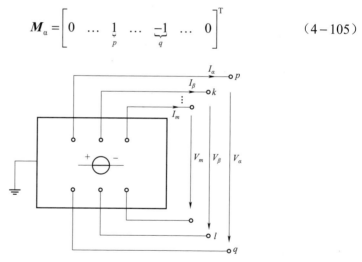

图 4-17　多端口网络示意图

若端口 α 上的端节点 q 是参考点，则其对应的 $N \times 1$ 维节点—端口关联矢量为

$$\boldsymbol{M}_\alpha = \begin{bmatrix} 0 & \dots & \underset{p}{1} & \dots & 0 & \dots & 0 \end{bmatrix}^{\mathrm{T}} \tag{4-106}$$

把所有节点—端口关联矢量按列排在一起，就构成了 $N \times m$ 维的节点—端口关联矩阵 M_{L} 就可以写成

$$M_{\mathrm{L}} = \begin{bmatrix} M_\alpha & M_\beta & \cdots & M_{\mathrm{m}} \end{bmatrix}^{\mathrm{T}} \tag{4-107}$$

设系统原来的网络方程为

$$Y\dot{V}^{(0)} = \dot{I}^{(0)} \tag{4-108}$$

$$\dot{V}^{(0)} = Z\dot{I}^{(0)} \tag{4-109}$$

式中：$\dot{V}^{(0)}$ 为节点电压列矢量；$\dot{I}^{(0)}$ 为节点注入电流列矢量；Y、Z 分别为节点导纳矩阵和节点阻抗矩阵。

多端口网络戴维南等值电路如图 4-18 所示，$m \times m$ 阶等值阻抗矩阵为

$$Z_{\mathrm{eq}} = M_{\mathrm{L}}^{\mathrm{T}} Z M_{\mathrm{L}} \tag{4-110}$$

戴维南等值电动势为原网络 m 个端口的开路电压

$$\dot{V}_{\mathrm{eq}}^{(0)} = M_{\mathrm{L}}^{\mathrm{T}} \dot{V}^{(0)} = \begin{bmatrix} \dot{V}_\alpha^{(0)} & \dot{V}_\beta^{(0)} & \cdots & \dot{V}_{\mathrm{m}}^{(0)} \end{bmatrix}^{\mathrm{T}} \tag{4-111}$$

多端口网络诺顿等值电路如图 4-19 所示，$m \times m$ 阶等值阻抗矩阵为

$$Y_{\mathrm{eq}} = Z_{\mathrm{eq}}^{-1} \tag{4-112}$$

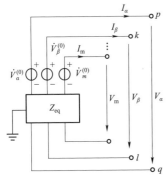

图 4-18 多端口网络戴维南等值电路

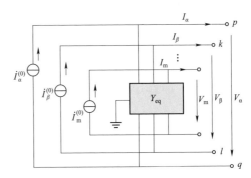

图 4-19 多端口网络诺顿等值电路示意图

诺顿等值电流源为原网络中 m 个端口短路时的短路电流

$$\dot{I}_{\mathrm{eq}}^{(0)} = \begin{bmatrix} \dot{I}_\alpha^{(0)} & \dot{I}_\beta^{(0)} & \cdots & \dot{I}_{\mathrm{m}}^{(0)} \end{bmatrix}^{\mathrm{T}} = Y_{\mathrm{eq}} \dot{V}_{\mathrm{eq}}^{(0)} \tag{4-113}$$

根据前面规定的正方向，定义端口上的电流矢量和电压矢量分别为

$$\dot{I}_{\mathrm{L}} = \begin{bmatrix} \dot{I}_\alpha & \dot{I}_\beta & \cdots & \dot{I}_{\mathrm{m}} \end{bmatrix}^{\mathrm{T}} \tag{4-114}$$

$$\dot{V}_{\mathrm{L}} = \begin{bmatrix} \dot{V}_\alpha & \dot{V}_\beta & \cdots & \dot{V}_{\mathrm{m}} \end{bmatrix}^{\mathrm{T}} \tag{4-115}$$

从这些端口向原网络看进去，节点注入电流由两部分组成，其一是网络内部的节点注入电流 $\dot{I}^{(0)}$，其二是与它连接的外部电路从端口注入的电流 $-M_{\mathrm{L}}\dot{I}_{\mathrm{L}}$，因此可以写出网络的节点电压方程如下

$$YV\dot{} = \dot{I}^{(0)} - M_L \dot{I}_L \qquad (4-116)$$

由此可得

$$\dot{V} = Y^{-1}\dot{I}_{(0)} - Y^{-1}M_L \dot{I}_L \qquad (4-117)$$

式（4-117）两边同时乘 M_L^T，并考虑到 $\dot{V}_L = M_L^T \dot{V}$，$\dot{V}^{(0)} = Y^{-1}\dot{I}^{(0)}$，$\dot{V}_{eq}^{(0)} = M_L^T \dot{V}^{(0)}$，以及式（4-117）的戴维南等值阻抗矩阵，则有

$$\dot{V}_L = \dot{V}_{eq}^{(0)} - Z_{eq} \dot{I}_L \qquad (4-118)$$

这就是多端口戴维南等值电路方程，可以写成

$$\dot{I}_L = \dot{I}_{eq}^{(0)} - Y_{eq} \dot{V}_L \qquad (4-119)$$

式（4-118）和式（4-119）的等值电路方程分别为 m 个，而待求变量 $\dot{V}_L$ 和 $\dot{I}_L$ 共有 $2m$ 个，其余 m 个方程又外部电路给出。对外部接入的是无源系统的情况，m 个方程由 $\dot{V}_L$ 和 $\dot{I}_L$ 之间的关系为

$$\dot{V}_L = Z_{LL} \dot{I}_L \qquad (4-120)$$

无论是诺顿等值还是戴维南等值，在写出外部电路方程再与等值电路方程联立后都可求出 $\dot{V}_L$ 和 $\dot{I}_L$。作为一种特殊情况，即当 $m=N$ 时，原网络方程本身就是 N 端口等值模型。

（1）含有单一接口母线等值参数的求解。设只有一个等值端口 a，其端节点 p 是网络节点，端点 q 是参考节点，此时其节点—端口关联矩阵为

$$M_L = M_\alpha = \begin{bmatrix} 0 \cdots \underset{p}{1} \cdots 0 \cdots 0 \end{bmatrix}^T \qquad (4-121)$$

易推得戴维南等值电路参数为

$$Z_{eq} = M_L^T Z M_L = Z_{pp} \qquad (4-122)$$

$$\dot{V}_{eq}^{(0)} = \dot{V}_p^{(0)} \qquad (4-123)$$

（2）含有多个接口母线等值参数的求解。以两端口等值为例，若端口 α 和 β 的断电中都有一个端点是网络节点，则有

$$M_L = \begin{bmatrix} M_\alpha & M_\beta \end{bmatrix} = \begin{bmatrix} 0 \cdots 0 \cdots \underset{}{1} \cdots 0 \\ 0 \cdots \underset{k}{1} \cdots \underset{p}{0} \cdots 0 \end{bmatrix}^T \qquad (4-124)$$

其戴维南等值参数为

$$Z_{eq} = M_L^T Z M_L = \begin{bmatrix} Z_{pp} & Z_{pk} \\ Z_{kp} & Z_{kk} \end{bmatrix} \qquad (4-125)$$

$$\dot{V}_{eq}^{(0)} = \begin{bmatrix} \dot{V}_p^{(0)} \\ \dot{V}_k^{(0)} \end{bmatrix} \tag{4-126}$$

机电侧等值电路形式如图 4-20 所示。

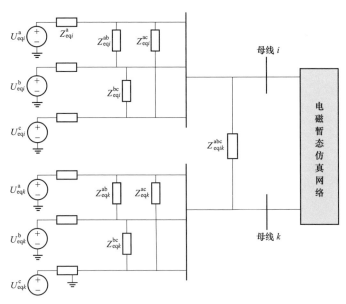

图 4-20 机电侧等值电路形式

4.4.1.2 电磁侧网络等值参数求取

电磁侧等值阻抗的求解方法与机电侧有很大差异，因为求解电磁侧暂态电路时，使用的均是差分后得到的实数导纳矩阵，如果采用机电侧类似求解方法，那么得到的等值阻抗将是一个实数，则机电侧将无法直接使用。为此，本方法利用电磁侧差分后形成的实数导纳矩阵，在端口注入单位余弦电流相量从而获得端口处的等值复阻抗，电磁侧等值参数求取流程如图 4-21 所示。

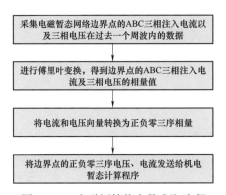

图 4-21 电磁侧等值参数求取流程

步骤 1：根据电磁侧计算出的离散序列拟合得到接口处的三相电压基波相量 U_m(A, B, C)及各个支路三相电流基波相量 I_E(A, B, C)。

步骤 2：合并接口处所有的支路注入电流，并把 abc 三相电压和电流以及根据上文计算得到的等值导纳复数矩阵转换成正负零三序形式，其中

$$U_{eq}^{abc} = SU_{eq}^{1,2,0} \qquad (4-127)$$

$$z_{eq}^{abc} = SZ_{eq}^{1,2,0}S^{-1} \qquad (4-128)$$

其中，S 为变换矩阵，定义为

$$S = \begin{bmatrix} 1 & 1 & 1 \\ a^2 & a & 1 \\ a & a^2 & 1 \end{bmatrix} \qquad (4-129)$$

式中：$a = e^{j120°}$。

步骤 3：根据 U_m(1,2,0)，I_E(1,2,0)以及接口处的等值导纳 Y_E（1，2，0），得到对应的诺顿等值电路。

电磁侧等值电路形式如图 4-22 所示。

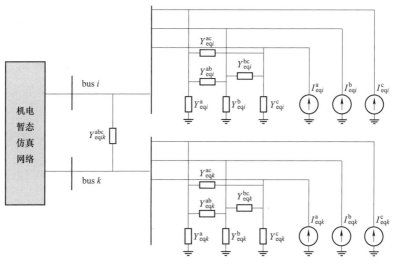

图 4-22　电磁侧等值电路形式

4.4.1.3　电磁侧基波提取算法

机电侧仿真时，需要把电磁侧得到的基于瞬时值模式的离散序列转化为基于有效值模式的基波相量，然后再代入机电侧计算。曲线拟合算法（curve fitting algorithm，CFA）是一种基于最小二乘法的技术，它可以快速准确地提取基波相量，在使用上也较为灵活和简便。采用基于最小二乘法的改进算法提取基波相量，具体计算步骤如下。

假设电磁暂态侧拟合后得到的是一个基于余弦信号的相量表达式

$$y = A\cos(\omega t - \varphi) \tag{4-130}$$

式中：A 为余弦信号的幅值；ω 为角频率；φ 为初始相角。

展开得到

$$y = A\cos\omega t\cos\varphi + A\sin\omega t\sin\varphi \tag{4-131}$$

记 $C_1 = A\cos\varphi$，$C_2 = A\sin\varphi$，$F_1(t) = A\cos\omega t$，$F_2(t) = A\sin\omega t$，则

$$y(t) = C_1 F_1(t) + C_2 F_2(t) \tag{4-132}$$

问题转化为求解变量 C_1 和 C_2。

记 $\boldsymbol{A} = \boldsymbol{F}^{\mathrm{T}}\boldsymbol{F}$，$\boldsymbol{B} = \boldsymbol{F}^{\mathrm{T}}\boldsymbol{X}$，其中 $x_i = x(t_0 + i\Delta t)$ 为电磁侧采样得到的离散序列信号。由最小二乘法的定义可得

$$\boldsymbol{C} = \boldsymbol{A}^{-1}\boldsymbol{B} \tag{4-133}$$

其中

$$\boldsymbol{A} = \left[\boldsymbol{F}_1, \boldsymbol{F}_2\right]^{\mathrm{T}}\left[\boldsymbol{F}_1, \boldsymbol{F}_2\right] = \begin{bmatrix} \boldsymbol{F}_1^{\mathrm{T}}\boldsymbol{F}_1 & \boldsymbol{F}_1^{\mathrm{T}}\boldsymbol{F}_2 \\ \boldsymbol{F}_2^{\mathrm{T}}\boldsymbol{F}_1 & \boldsymbol{F}_2^{\mathrm{T}}\boldsymbol{F}_2 \end{bmatrix} \tag{4-134}$$

$$\boldsymbol{B} = \left[\boldsymbol{F}_1, \boldsymbol{F}_2\right]^{\mathrm{T}}\boldsymbol{X} = \begin{bmatrix} \boldsymbol{F}_1^{\mathrm{T}}\boldsymbol{X} \\ \boldsymbol{F}_2^{\mathrm{T}}\boldsymbol{X} \end{bmatrix} \tag{4-135}$$

由 $\boldsymbol{A}$ 和 $\boldsymbol{B}$ 求出 C_1、C_2 后，进一步求解得到基频相量的幅值和初始相角。

4.4.2 接口时序和交互方法

在机电—电磁暂态混合仿真中，必然存在机电暂态和电磁暂态两侧数据的交互，机电暂态仿真步长较大，而电磁暂态仿真步长较小。因此，混合仿真数据交换以机电暂态计算步长为单位进行。如若机电暂态计算步长为 0.01s，电磁暂态计算步长为 $5\mathrm{e}^{-5}\mathrm{s}$（机电暂态计算步长是电磁暂态计算步长的 200 倍），那么，两个网络之间计算的交互每隔 0.01s 就进行一次。也就是说，每隔 0.01s 两个网络之间进行交互时，机电暂态网络进行了一步计算，而电磁暂态网络则已进行了 200 步计算。

设机电暂态仿真步长为 ΔT，电磁暂态仿真步长为 Δt，电磁暂态仿真程序表示为 TE（Transient Electromagnetic），机电暂态仿真程序表示为 TS（Transient

Stability）。数据时序交互主要有串行、并行以及相互迭代等方式。

（1）串行时序交互方式。串行时序交互方式如图 4－23 所示。具体实现步骤如下：

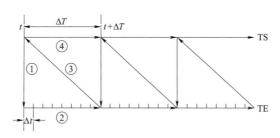

图 4－23　串行时序交互方式

步骤 1：TS 在 t 时刻传递电压 $U_C(t)$ 给 TE，更新机电暂态侧的等值电压源。

步骤 2：TE 在 $[t，t+\Delta T]$ 时间段内以步长 Δt 计算 N 次直到 $t+\Delta T$。

步骤 3：在 $t+\Delta T$ 时刻，根据前一周期的电流瞬时值，从中提取出基波 I_e $(t+\Delta T)$ 并传递给 TS，更新诺顿电路中的等值电流源。

步骤 4：TS 在 $[t，t+\Delta T]$ 时间段内以步长 ΔT 计算，得到新的接口电压 U_C $(t+\Delta T)$，继续在下一个机电步长时间点上进行数据交互。如果没有故障或者操作发生，继续重复前面的计算过程。

可以用简单的函数关系式表示如下

$$\begin{cases} \dot{U}_C(t+\Delta T) = g[\dot{U}_C(t), \dot{I}_\varepsilon(t+\Delta T)] \\ \dot{I}_\varepsilon(t+\Delta T) = f[\dot{U}_C(t), \dot{I}_\varepsilon(t+\Delta T-\Delta t)] \\ \dot{I}_\varepsilon(t+n\Delta T) = f[\dot{U}_C(t), \dot{I}_\varepsilon(t+(n-1)\Delta t)] \end{cases} \quad (4-136)$$

这是一个典型的串行计算过程，实质是先根据机电侧 $t-\Delta T$ 时刻的等值参数信息在区间 $[t-\Delta T，t]$ 上进行电磁侧的求解，此过程中机电侧处于等待状态；再根据 t 时刻的电磁侧等值参数信息进行对应的 t 时刻机电侧的求解，此过程中电磁侧一直处于等待状态。目前大多数混合仿真接口交互时序都采用这种方式。

（2）并行时序交互方式。并行时序交互方式如图 4－24 所示。具体实现步骤如下：

步骤 1：TE 在 t 时刻传递接口参数到 TS，更新诺顿等值电路，TS 在 t 时刻传递接口参数给 TS，更新戴维南等值电路，在 $[t，t+\Delta T]$ 时间段内保持诺顿和戴维南等值电路参数不变。

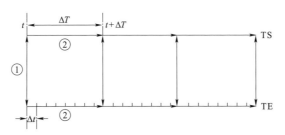

图 4-24 并行时序交互方式

步骤 2：TS 在 $[t，t+\Delta T]$ 时间段内以步长 ΔT 计算到 $t+\Delta T$，得到新的接口变量参数，同时 TE 以步长 Δt 计算 N 次后直到时刻 $t+\Delta T$，得到了新的接口变量参数。若没有故障或操作发生，继续重复前面的计算过程。

可以用简单的函数关系式表示如下

$$\begin{cases} \dot{U}_{\mathrm{C}}(t+\Delta T) = g[\dot{U}_{\mathrm{C}}(t),\dot{I}_{\varepsilon}(t)] \\ \dot{I}_{\varepsilon}(t+\Delta T) = f[\dot{U}_{\mathrm{C}}(t),\dot{I}_{\varepsilon}(t+\Delta T-\Delta t)] \\ \dot{I}_{\varepsilon}(t+n\Delta T) = f[\dot{U}_{\mathrm{C}}(t),\dot{I}_{\varepsilon}(t+(n-1)\Delta t)] \end{cases} \quad (4-137)$$

并行时序交互过程中机电和电磁侧在计算过程中都不需要等待，两侧各自并行计算，提高了仿真速度，满足了在接口处实时交换数据的要求，因此，在实时数字仿真中多采用并行数据时序交互方式。但是每一侧在 $t+\Delta T$ 时刻采用的都是对侧 t 时刻的等值信息，因而存在一定的交接误差，影响了计算精度。

（3）两侧相互迭代的时序交互方式。两侧相互迭代的时序交互方式如图 4-25 所示。具体实现步骤如下：

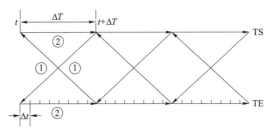

图 4-25 两侧相互迭代的时序交互方式

步骤 1：TS 在 $t+\Delta T$ 时刻传递电压 $U_{\mathrm{C}}(t+\Delta T)$ 给 TE，更新机电暂态侧的等值电压源，同时 TE 传递电流效值 $I_{\mathrm{e}}(t+\Delta T)$ 给 TS。

步骤 2：TE 在 $[t,t+\Delta T]$ 时间段内以步长 Δt 计算 N 次后直到时刻 $t+\Delta T$，同时 TS 从时刻 t 计算到 $t+\Delta T$。步骤 1、步骤 2 都完成后，如果没有故障或者操作发生，在下一机电步长点重复前面的计算过程。

可以用简单的函数关系式表示为

$$\begin{cases} \dot{U}_C(t+\Delta T) = g\left(\dot{U}_C(t), \dot{I}_\varepsilon(t+\Delta T)\right) \\ \dot{I}_\varepsilon(t+\Delta T) = f\left(\dot{U}_C(t), \dot{I}_\varepsilon(t+\Delta T-\Delta t)\right) \end{cases} \quad (4-138)$$

步骤 1 和步骤 2 交替在一起，构成了复杂的非线性迭代和收敛运算。这种数据交互方式虽然在精度上得到一定的提高，但是计算量过于庞大，计算效率低下，实用困难。

相互迭代方式能保证全网求解一致收敛，但其计算复杂、耗时，因此并不常用。常用的交互方式为并行和串行方式，在考虑仿真速度和实时性的混合仿真中，并行方式更为常用。现今大多数的混合仿真均基于较成熟的电磁、机电暂态仿真程序或平台，并行数据交互方式使得一侧计算的同时另一侧不需要等待，因而最有利于混合仿真的实时性。在并行数据交互方式的基础上，一些文献有针对性地提出改进措施，在保证交互实时性的基础上尽量提高接口交互的精度。

但是，故障发生时并行数据交互方式却有明显的缺憾，很少有研究涉足解决这个问题。有文献提出了故障期间变并行为串行的交互时序方式，保证了混合仿真严格的实时性，同时能够充分体现故障期间系统暂态情况，串行与并行交互进行的时间分布如图 4-26 所示。

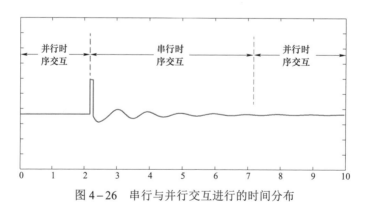

图 4-26 串行与并行交互进行的时间分布

该方式有明显的局限性。一方面，不能从根本上解决混合仿真准确性与实时性的矛盾，而是采取折衷的处理方式：平均了故障前后接口电气量的突变，一侧系统变结构信息不能及时反映在对侧，牺牲了接口交互的准确性，并且由于串行交互方式需要等待而降低了仿真计算速度，对仿真的实时性不利。另一方面，虽然混合仿真全网求解一致收敛性的问题在系统稳态或受小扰动的动态过程中并不突出，但在故障时刻和故障过后系统恢复的暂态过程中，接口交互电气量波动往往幅度较大、速度较快，不利于全系统求解的一致收敛，因此暂态过程仿真结果可能与实际情况偏离较大。

本章采用改进的串行时序交互方式，如图4-27所示，具体步骤如下：

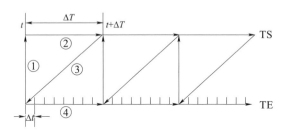

图4-27　改进的串行时序交互方式

步骤1：TE 在 t 时刻提取出基波 $I_e(t)$ 并传递给 TS，更新诺顿电路的等值电流源。

步骤2：TS 在 $[t,t+\Delta T]$ 时间段内以步长 ΔT 计算。

步骤3：得到新的接口电压 $U_C(t+\Delta T)$ 传递给 TE，更新戴维南电路的等值电压源。

步骤4：TE 在 $[t,t+\Delta T]$ 时间段内以步长 Δt 计算 N 次直到 $t+\Delta T$，继续在下一个机电步长时间点上进行数据交互。如果没有故障或者操作发生，继续重复前面的计算过程。

可以用简单的函数关系式表示为

$$
\begin{cases}
\dot{U}_C(t+\Delta T) = g\left(\dot{U}_C(t),\dot{I}_\varepsilon(t)\right) \\
\dot{I}_\varepsilon(t) = f\left(\dot{U}_C(t+\Delta T),\dot{I}_\varepsilon(t)\right) \\
\dot{I}_\varepsilon(t+n\Delta T) = f\left(\dot{U}_C(t+\Delta T),\dot{I}_\varepsilon(t+(n-1)\Delta t)\right)
\end{cases}
\tag{4-139}
$$

该方法为改进的串行数据时序交互方式，采用先计算机电暂态后计算电磁暂态的方式，这样先更新机电暂态数据的方式，可以提高电磁暂态仿真计算的初始数据精度，保证电磁暂态在多步长运算中的结果准确性，减少机电—电磁混合仿真交互迭代的次数，提高混合仿真系统稳定速度，有效避免故障发生时刻的数据畸变。

4.4.3　机电—电磁暂态混合仿真实现流程

通过对机电—电磁暂态混合仿真数据时序交互方法和接口算法的研究，从而确定机电—电磁暂态混合仿真程序的计算流程，如图4-28所示。

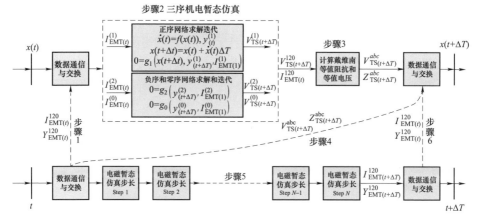

图 4-28　机电—电磁暂态混合仿真程序计算流程

步骤 1：仿真开始时刻，机电暂态网络在边界点的戴维南等值阻抗和等值电势值传给电磁暂态计算单元，同时把电磁暂态网络在边界点的诺顿等值导纳和等值电流值传递给机电暂态计算单元。

步骤 2：机电暂态计算过程利用该时刻从电磁暂态计算过程获得的诺顿等值参数，进行 $[t, t+\Delta T]$ 时段的机电暂态计算。

步骤 3：利用机电暂态程序计算得到网络数据，更新戴维南等值阻抗和等值电压源数据。

步骤 4：将正、负、零三序戴维南电路数据转换为 ABC 三相数据传递给电磁暂态程序。

步骤 5：电磁暂态程序进行 $[t, t+\Delta T]$ 时段的电磁暂态计算。

步骤 6：电磁暂态计算到 $t+\Delta T$ 时刻时，利用过去一个周波的计算结果通过最小二乘拟合提取边界点电压、电流等参量的基波有效值，更新诺顿等值电路参数，并送入机电暂态计算过程。

4.5　算例分析

4.5.1　交直流混合系统边界划分

某柔性直流工程建设四端环形直流电网，采用架空输电线路，配置直流断路器、超高速线路保护装置等关键设备。其中，研究区域中送端 2 座换流站容量分别为 3000、1500MW；受端换流站容量为 3000MW；调节端换流站位于 21 节点处，容量为 1500MW。直流工程送电线路总长度约 648km。具体来说，500kV

出线本期1回,接入26节点500kV开关站,远期2回MMC1交流网侧电压220kV,站内装设1组1200MVA的500kV/220kV联合变压器。500kV出线1回接入20节点500kV站。调节端MMC2的500kV出线8回,预留2回。正常方式下,MMC2接入交流电网,具备孤岛运行的条件。MMC3交流网侧电压500kV,装设2组750MVA主变压器,500kV出线2回接入节点6的500kV站。送端MMC4交流网侧电压220kV,站内装设2组1200MVA的500kV/220kV联合变压器。由此形成的柔性交直流互联系统网架如图4-29所示。

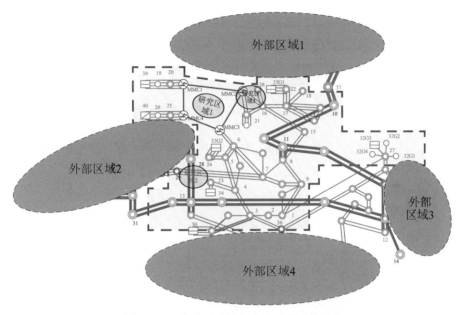

图4-29 某地区柔性交直流互联系统网架

直流电网系统接线采用双极对称接线方式,正负极均可独立运行,相当于2个独立环网。一极发生故障后,通过极控系统,另一极在设备通流能力允许情况下,可以转带故障极的功率。图4-29中各节点与相邻换流站间的联络线正常工作时,系统为交直流联网运行方式;若联络线路停运,则MMC1、MMC2、21节点处于直流孤岛运行方式。

根据分网策略,首先将内网节点选为直流电网的换流母线节点,即PCC点。某地区柔性交直流电网内网节点示意图如图4-30所示。

除分别位于研究区域的两个送端两座换流站的PCC点外无其他交流网络,因此本研究的重点集中在选取MMC2和MMC3的PCC点所在的交流网络中的关键节点和支路。

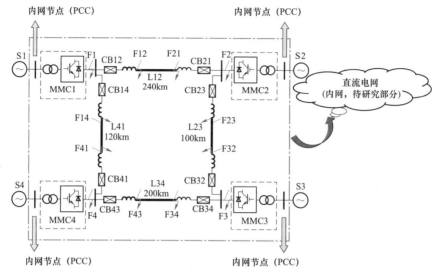

图 4-30　某地区柔性交直流电网内网节点示意图

通过上述的数据转换方法，将 BPA 中某柔性交直流系统中的几万节点数据转换到 Matpower 中，并提取灵敏度方法所需的雅克比矩阵数据，进而计算各个节点对 MMC2 和 MMC3 所在 PCC 点的灵敏度因子，最终得到计及外部参数最大波动值、边界参数的电压等级或容量的 NLI 指标排序结果如表 4-2 所示。

表 4-2　　　　　　　某柔性交直流系统的 NLI 指标排序结果

负荷节点	NLI 指标	负荷节点	NLI 指标	发电机节点	NLI 指标
22	0.099 613	18	0.060 198	35 G3	0.889 665
23	0.096 190	17	0.057 970	34 G1	0.881 665
11	0.095 613	38	0.057 521	35 G5	0.868 256
21	0.095 066	22	0.054 986	32 G2	0.724 718
13	0.094 479	13	0.046 679	34 G2	0.709 984
6	0.094 205	9	0.043 141	35 G2	0.679 904
7	0.092 939	30	0.040 391	32 G1	0.535 981
9	0.091 334	31	0.040 181	35 G4	0.246 342
8	0.091 065	14	0.039 978	35 G1	0.244 064
11	0.090 272	28	0.036 925	35 G3	0.239 171
16	0.090 153	29	0.036 848	32 G4	0.210 116
3	0.090 005	10	0.035 095	35 G6	0.207 313
2	0.086 929	37	0.033 772	33 G1	0.184 417

续表

负荷节点	NLI 指标	负荷节点	NLI 指标	发电机节点	NLI 指标
2	0.086 869	17	0.031 122	21 G3	0.157 436
4	0.085 303	17	0.030 635	33 G3	0.131 815
1	0.082 119	30	0.023 992	33 G2	0.124 893
36	0.081 763	16	0.023 478	21 G1	0.123 188
11 B1	0.081 730			33 G8	0.113 544
11 B2	0.080 007			30 G2	0.101 443
31	0.079 483			33 G7	0.091 272
30	0.079 428			30 G1	0.076 491
12	0.078 025			30 G3	0.072 455
27	0.078 023			33 G6	0.016 218
28	0.077 491			21 G4	0.015 238
5	0.074 815			30 G5	0.014 554
29 K1	0.074 469			33 G5	0.014 495
29 K2	0.073 172			33 G4	0.013 607
29 K3	0.068 921			30 G4	0.013 197
24	0.068 678			21 G2	0.012 332
15	0.064 912			30 G8	0.011 120
37	0.064 775			21 G5	0.010 665
18	0.022 898			30 G6	0.009 645
17	0.018 896			30 G7	0.008 444

取负荷节点的 NLI 指标阈值为 5%，发电机节点的 NLI 指标阈值 20%，根据表 4-2 可得到内网保留节点（即加粗部分）和外网节点（部分展示）。需要注意的是，由于同一节点上的发电机可能体现不同的 NLI 值，但只要有一台发电机达到 20%的阈值，则该节点就需要保留至主网中详细分析。

4.5.2 交直流混合系统网络等值

在对交直流混合系统网络边界划分基础上，将 500kV 交流网络与四端柔性直流输电网络作为研究区域，基于本文所提数据驱动型动态等值方法构建外部区域动态等值模型。

图 4-31 为某四端柔性直流电网等值系统拓扑结构。通过比较等值前后研究区域内交直流混联系统动态特性，确定故障下等值系统对直流系统影响与原始系统是否相同。将外部区域 2 和外部区域 4 等值为 30 与 31 这 2 台等值发电机，

将外部区域 1 和外部区域 3 等为 37 与 36 这 2 台等值机，研究区域 2 等值为 28 与 29 这 2 台等值机，以及研究区域 3 等值为 38 等值机。保留原始系统 35、34、33 及 32 发电机组，系统中 32 为参考发电机节点。

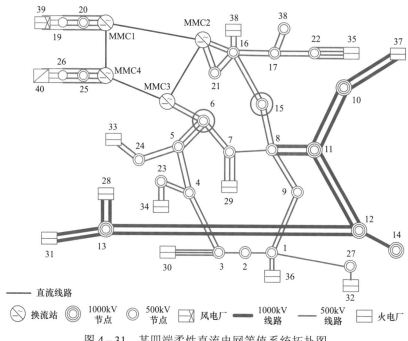

图 4-31　某四端柔性直流电网等值系统拓扑图

在原始系统母线 6 节点处设置持续 0.1s 的三相瞬时短路接地故障，将仿真期间的研究区域边界母线状态量作为所提方法的输入。基于本文所提方法辨识的等值发电机参数如表 4-3 所示（等值发电机基准容量取 1000MVA）。

表 4-3　　　　　　　　　　　　等值发电机参数辨识结果

参数	x_d'	T_J	D
G_{31}	0.116 4	44.688	11
G_{30}	0.080 9	24.856	18
G_{37}	0.070 2	95.718	63
G_{36}	0.047	12.554	15
G_{28}	0.192	0.212	15
G_{29}	0.028	36.442	43
G_{38}	0.219	0.709	20

根据表 4-3 的辨识结果, 在 PSD-BPA 仿真软件上搭建等值系统模型。分别在 6 与 9 节点设置持续 0.1s 瞬时性三相短路接地故障, 通过对比等值系统动态特性与原始系统仿真结果, 验证基于所提方法构建等值系统能否替代原始系统进行动态稳定分析。

　　图 4-32 对比了等值前后保留发电机 34 节点转子角及 32 节点转速的动态响应曲线。由图 4-26 可知: 受到相同扰动下, 等值前后系统发电机转子角动态曲线振荡趋势基本相同, 5s 后等值系统已经恢复稳定, 但此时原始系统仍有轻微振荡; 两种故障下, 等值前后平衡机有功功率 RMSE 值分别为 6.27MW 与 25.58MW, 拟合度为 95.39% 与 92.75%, 可以认为等值系统基本保留原始系统的动态特性。上述分析表明, 等值系统可很好表征原始系统发电机动态特性。

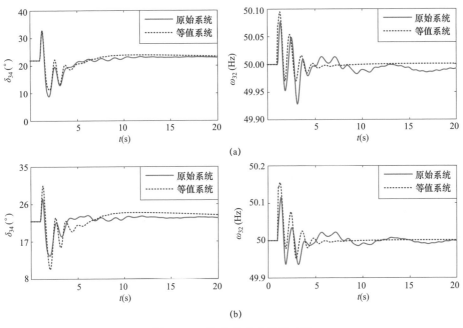

图 4-32　发电机动态特性对比
（a）6 节点三相短路故障；（b）9 节点三相短路故障

　　图 4-33 对比了换流站直流侧电压动态响应曲线。仿真结果表明: 等值系统换流站直流电压动态曲线都很好的跟随原始系统仿真曲线, 两种故障下等值前后所有换流站直流侧电压误差最大值分别为 31.24kV（0.063p.u.）与 25.85kV（0.052p.u.）; 等值前后相同换流站直流电压恢复到同一稳态值。柔性直流系统换流站直流电压 RMSE 值均不超过 2.5kV（0.005p.u.）且曲线拟合度均在 99% 以上,

证明等值系统直流电压动态特性可以替代原始系统仿真结果。

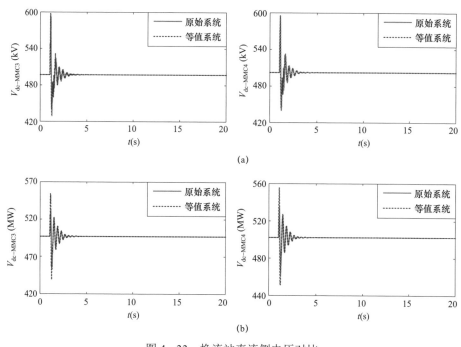

图 4-33　换流站直流侧电压对比

（a）6 节点三相短路故障；（b）9 节点三相短路故障

4.5.3　交直流混合系统机电—电磁混合仿真

1. 系统仿真分网方案

根据 4.5.2 节所建某交直流等值系统，搭建机电电磁混合仿真系统，基于等值的系统母线分布情况及电气量仿真测量详细程度，结合仿真资源配置情况，以 15 节点和 6 节点作为机电—电磁混合仿真接口，将需要进行小步长仿真及详细观测的 MMC1、MMC2、MMC3、MMC4 四个换流站及完整的四端柔性直流输电系统置于电磁暂态仿真测，建立详细的四端柔性直流输电系统电磁暂态仿真模型。同时，在电磁暂态仿真测建立 22 节点附近的 17 节点、18 节点 500kV 交流母线电磁暂态仿真模型，并包括 38 节点、35 节点两座发电厂。在与机电暂态仿真进行数据交换的一个步长内为四端柔性直流输电系统提供完整的交流系统惯性特征及仿真信息，完整体现交直流混合系统的暂态特性。将 500kV 交流母线、线路、负荷、发电机和等值发电机等模型置于机电暂态测仿真系统内，其中还包括等值系统内的所有 1000kV 网架系统。某交直流混合系统的机电—电磁混合仿真分网结构如图 4-34 所示。

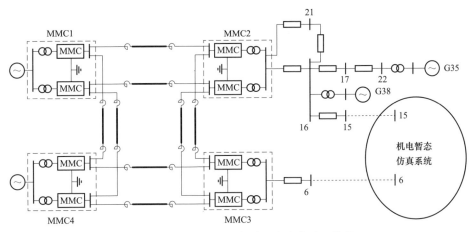

图 4-34 系统机电—电磁混合仿真分网结构

其中，四端柔性直流输电系统的详细参数，如表 4-4~表 4-6 所示。

表 4-4 换 流 站 参 数 表

参数类型	MMC1	MMC2	MMC3	MMC4
网侧电压（kV）	220	500	500	220
阀侧电压（kV）	255	255	255	255
换流器容量（MVA）	2×750	2×750	2×1500	2×1500
变压器容量（MVA）	6×283	6×283	6×567	6×567
变压器接线形式	Yn/△-11	Yn/△-11	Yn/△-11	Yn/△-11
直流母线电压（kV）	500	500	500	500
桥臂子模块数	313	313	228	228
子模块电容（mF）	10	10	15	15
桥臂电感（mH）	150	150	100	100

表 4-5 直 流 线 路 参 数 表

参数类型	MMC1-MMC2	MMC2-MMC3	MMC3-MMC4	MMC1-MMC4
线路长度（km）	205.1	187	206	49.6
线路型号	4×JL/G2A-720/50	4×JL/G2A-720/50	4×JL/G2A-720/50	4×JL/G2A-720/50
线路电抗器（H）	0.2	0.2	0.2	0.3

表 4−6   换流站运行状态参数表

参数类型	MMC1	MMC2	MMC3	MMC4
工作状态	整流	整流	逆变	整流
有功功率参考值（p.u.）	0.63	0.08	−0.93	0.6
无功功率参考值（p.u.）	0	0	0	0
直流电压参考值（p.u.）	1	1	1	1

2. 接口电路实现形式

以 6 节点和 15 节点两条母线为接口，接口电压等级为 525kV，机电暂态侧建立二端口等值网络形式，15 节点接口电压为 0.980 2∠−0.084°，6 节点接口电压为 0.980 8∠7.838°。机电暂态侧计算时，将电磁暂态侧等效为诺顿等值电路形式，15 节点接口等值电路导纳为 107.05−j5.165 8S，6 节点接口等值电路导纳为 148.53−j8.454 9S。电磁暂态侧计算时，将机电暂态侧等效为戴维南等值电路形式，15 节点接口等值电路阻抗为 0.009 32+j0.000 45Ω，6 节点接口等值电路阻抗为 0.006 71+j0.000 391Ω。

电磁暂态侧向机电暂态侧传递三序电流信息，将一个机电暂态步长内的电磁暂态计算三相电流结果进行最小二乘拟合，提取基波向量，得到接口信息交互时间点的三相电流值，经过派克变化转换为三序电流信息，传递给诺顿等值电流源。机电暂态侧向电磁暂态侧提供三相电压信息，将 dq0 三序电压计算结果经派克变换转变为三相电压信息，进行离散化后传递给电磁暂态侧戴维南等值电压源，参与电磁暂态侧计算。

3. 典型故障计算

为验证机电—电磁混合仿真方法的准确性和有效性，在搭建机电—电磁混合仿真平台的同时，建立了等值系统的全电磁暂态仿真平台，将机电—电磁混合仿真平台计算结果与全电磁混合仿真平台计算结果进行对比。设置典型故障，分别将机电暂态侧和电磁暂态侧的不同电气量曲线与全电磁平台仿真曲线进行对比，观测 MMC2 等值系统机电—电磁混合仿真平台的计算准确性。设置在 9 节点 51 母线（525kV）发生金属性三相短路接地故障，故障持续时间为 0.1s。

机电暂态侧选择两端口网络接口 6 节点母线和 15 节点母线电压、34 节点发电厂输出功率和励磁电压以及 32 节点发电厂输出功率和励磁电压作为对比，其中 32 节点发电厂为该地区平衡机，34 节点发电厂为距离四端柔性直流输电系统最近的发电机。仿真结果如图 4-35～图 4-37 所示。

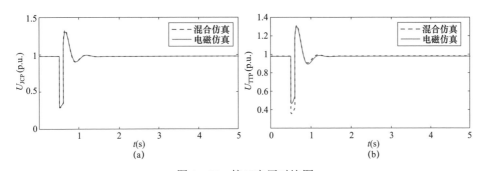

图 4-35 接口电压对比图

（a）6 节点电压对比图；（b）15 节点电压对比图

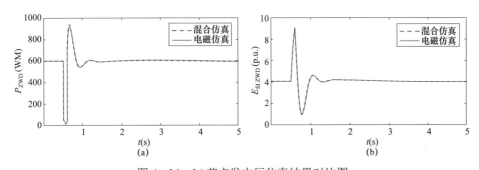

图 4-36 34 节点发电厂仿真结果对比图

（a）发电机输出功率对比图；（b）发电机励磁电压对比图

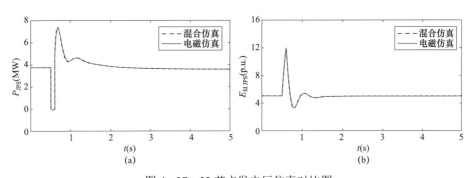

图 4-37 32 节点发电厂仿真对比图

（a）发电机输出功率对比图；（b）发电机励磁电压对比图

电磁暂态侧选择 16 节点和 38 节点道母线电压、35 节点发电厂输出功率和励磁电压等交流系统电气量作为对比，同时选择四端柔性直流输电系统内四端换流站的直流电压、直流电流和直流功率等直流系统电气量作为对比。仿真结果如图 4-38～图 4-41 所示。

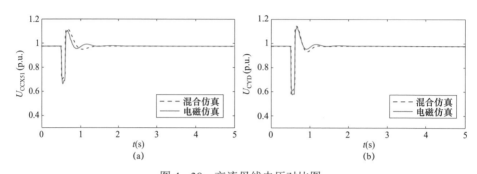

图 4-38　交流母线电压对比图

（a）16 节点电压对比图；（b）38 节点电压对比图

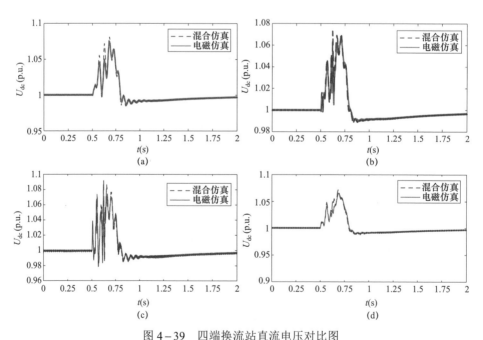

图 4-39　四端换流站直流电压对比图

（a）MMC1 直流电压对比图；（b）MMC2 直流电压对比图；

（c）MMC3 直流电压对比图；（d）MMC4 直流电压对比图

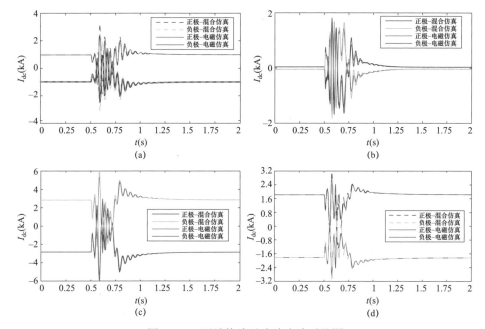

图 4-40 四端换流站直流电流对比图

（a）MMC1 直流电流对比图；（b）MMC2 直流电流对比图；
（c）MMC3 直流电流对比图；（d）MMC4 直流电流对比图

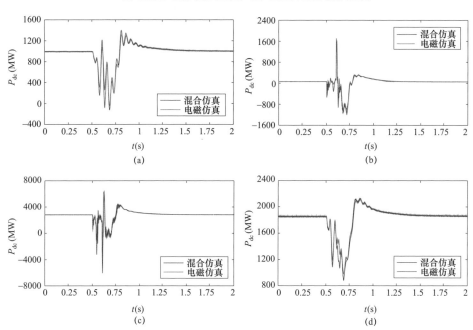

图 4-41 四端换流站直流功率对比图

（a）MMC1 直流功率对比图；（b）MMC2 直流功率对比图；
（c）MMC3 直流功率对比图；（d）MMC4 直流功率对比图

　　根据机电暂态和电磁暂态两侧仿真结果对比可知，两侧系统的仿真结果与全电磁仿真平台仿真结果保持高度一致，故障后的系统震荡持续时间、震荡幅值及系统恢复稳定后的运行状态均保持一致。仿真结果表明机电—电磁混合仿真建模方法可以在较高精度的前提下处理机电和电磁侧发生的故障，仿真精度与全电磁仿真高度一致，得到有效的仿真结果。

　　采用混合仿真的方式进行交直流混合系统的暂态仿真所需 RT_LAB 核数为10 个，相比于全电磁仿真（22 个），所需仿真资源不足后者一半，具有明显的优势。考虑到该地区电网未来将会投运更多风机及光伏等新能源发电厂，在保留直流电网全部进行电磁暂态仿真的条件下，将大规模交流系统在机电暂态程序中进行仿真，可以为建立详细的新能源发电系统电磁暂态模型节约更多的仿真资源。为柔性直流电网提供大规模交流系统背景的前提下，能够预留更多的仿真资源用于新能源接入、控制保护设备、直流断路器设备及柔性直流阀级模块的研究，因此在保证仿真精度的前提下，混合仿真较全电磁仿真在计算资源和计算速度上表现了明显优势。

5

直流电网数字物理混合仿真

直流电网中含有大规模的电力电子器件，致使其动态行为复杂，传统的数字仿真方法难以满足 MMC 详细建模仿真分析的需求，也无法达到 MMC–HVDC 系统高精度快速仿真的要求；而动模仿真难以实现交直流混合系统的全规模等效模拟。因此，结合实时数字仿真与动模仿真的优点，构建直流电网数字物理混合仿真平台，其中，实时数字仿真系统仅含有大规模交流系统模型，换流阀及控制保护装置等关键设备由动模系统进行模拟，这样既可精确分析交流系统的暂稳态特性，也可准确模拟换流阀的动态特性以及验证控制保护系统的控制性能等，是实现含 MMC–HVDC 交直流混联系统精确建模分析和工程设计验证的有效手段。

5.1　直流电网动模系统设计

动模系统是 MMC 换流阀特性分析、阀控装置和控制保护系统功能试验的最佳手段，其设计原则和研究方向主要包括：① 按照相似性原理或者等标幺值原则，设计动模参数，保证与模拟对象拥有相似的暂态特性；② 严格按照工程用电力电子器件，选择开关特性或损耗特性一致的低压器件和门级驱动器；③ 应能接入多个层级的直流电网控制保护装置，能够完成装置的型式试验和出厂试验；④ 应具有可扩展性，能够实现不同网架结构和换流器数量的调整，并考虑多类型可再生能源和负荷模拟装置的接入要求。

与现有电力系统的动模仿真一样，构建直流电网动模系统的主要理论基础为相似性原理，即必须首先保证动模系统与实际系统的等效性。针对具体的 MMC 动模系统，则必须保证动模系统在器件选型、拓扑结构、控制保护逻辑等方面的等效。

5.1.1 动模系统设计理论与原则

1. 相似性理论

相似性理论是确定动模系统和实际系统之间联系的纽带，其第一定理指出，一旦两个系统相似，则其对应变量和参数在整个动态过程中应分别保持一个固定的比例，即相似比；第二定理则阐述了两个相似系统之间相似判据的个数及其求取方法，即利用量纲分析法确定相似判据的个数，并求得这些判据的表达式；第三定理内容为若由方程引出的相似判据相同，且具有相似的初始条件和边界条件，则两现象相似。第三定理指出了相似的充要条件，使得第一定理和第二定理的相似条件更为确切，而且证明现象的单值条件（指某现象区别于其他诸现象所需的条件）及由其所组成的判据在数值上相等时，这些现象是相似的。根据相似性理论，在决定相似条件时，若能证明属于单值条件中的决定性判据相同，则可视为现象相似。

确定相似判据的方法主要有比例系数法、积分相似法和标幺值相等法。

（1）比例系数法。根据相似的基本定义，使一个系统的变量和参数乘以一个固定不变的比例尺 m，让其等于另一个系统相应的变量和参数，然后代入方程式中，经过适当的组合，就能够得到用比例系数所组成的相似判据。

（2）积分相似法。用方程中的任意一项除以整个方程而使方程成为无因次的形式，同时去掉方程式中的积分和微分，则变换后方程式中每一项都是相似判据。

（3）标幺值相等法。在电力系统的分析和研究中，往往用标幺值表示系统方程，这种形式的方程在方便系统计算的同时也为动模仿真带来便利。动模系统和实际系统以标幺值表示的系统方程相同时，即可认为两系统相似，可以由动模系统仿真实际系统特性。在仿真中，动模系统和实际系统的参变量均保持同一比例，在模型与原型具有相同的物理性质情况下，这个比例系数是无量纲的，这就是说标幺值方程式对原型和模型是等效的。

基于上述判定方法，通过对基本电磁过程的分析得到电磁过程之间的相似判据，并将其应用到柔性直流输电系统动模构建中，即可得到柔性直流输电系统物理模拟的相似判据。

2. 等效模拟原则

为保证直流电网动模系统与实际系统的等效性，在设计过程中应保证动模系统在器件选型、拓扑结构、控制保护逻辑等方面的等效。

（1）换流阀等效模拟。MMC 换流阀是 MMC－HVDC 系统的核心设备，也是动模仿真的关键点。为准确模拟柔性直流输电系统暂稳态特性，MMC 换流阀动模系统的稳态和动态特性必须与工程换流阀保持一致。具体体现在如下方面：

1）开关器件特性等效。动模系统 IGBT/MOSFET 的选择方式与工程动态特性类似，从其耐压能力、通流能力、开关波形、开关和导通损耗、需要的驱动能力等多个方面考虑。

2）拓扑结构等效。动模系统和工程子模块采用相同的硬件及相同的硬件架构（即一对一的方式），在工程之前，可以通过动模系统对工程子模块中控板进行系统地验证。

3）控制保护功能等效。在进行动模测试时，控制保护系统可以直接采用实际工程中的控制保护系统，尽量保证系统稳态和暂态特性一致。

（2）换流变压器等效模拟。模拟换流变压器是用试验变压器来模拟原型电力变压器。为保证换流变压器模型暂稳态特性的一致性，在实现变比一致的情况下还需要保证以下几个相似条件：

1）短路电抗 X_k 的标幺值相等。

2）铜耗 P_{cu} 和短路损耗 P_k 的标幺值相等。

3）额定电压时的空载电流 I_0 和空载损耗 P_0 的标幺值相等。

4）以标幺值表示的空载特性相同。

5）零序电抗 X_0 的标幺值相等。

（3）输电线路等效模拟。长距离输电线路的过渡过程是时间和空间的函数，但是在动模仿真中，通常并不研究线路上的电磁特性，仅关注线路上部分节点的电压和电流波动情况。因而可以通过分段等值为集中参数元件模拟输电线路。

（4）交直流系统等效模拟。动模系统需要模拟实际交直流系统中可能发生的故障，包括单相接地故障、两相短路故障、三相短路故障、直流单极接地故障、双极短路故障、换流阀相间闪络、桥臂闪络等。因此所有设备需要能够承受多次各种故障所带来电压、电流应力。动模系统故障设置需与工程现场故障试验一致，以实现复现现场暂态过程，为系统调试和复现以及研究投运后现场故障创造条件。

（5）测量系统等效模拟。为保证测量环节不对动模仿真造成误差，测量系统也应采用与工程现场原理相似的互感器，采用与现场工程相同的数字建模方法，保证采样精度、延时、暂稳态响应特性与现场测量系统一致。

5.1.2 动模系统参数设计案例

以某典型 MMC 柔直工程为例，其容量为 1000 MW，电压等级为 ±320 kV。根据相似性理论和等效模拟原则，并考虑实际工程经验、阀控装置的测试要求，设计确定了对应的 MMC 动模仿真系统的各项技术参数。主要参数计算过程如下：

首先确定动模系统容量（S_n）及连接变压器阀侧电压（u_{v2}）、电流（i_{v2}）。令 P_e 表示动模系统直流功率。对于 401 电平动模系统，其桥臂子模块数为 400，根据每个子模块的额定电压 6 V 和直流电流 2.5 A，可得动模系统功率为

$$P_e = 400 \times 6\,\text{V} \times 2.5\,\text{A} = 6\,000\,\text{W} \tag{5-1}$$

以换流站功率因数 0.86 计算，动模系统容量为

$$S_n = \frac{P_e}{0.86} \approx 7\,000\,\text{VA} \tag{5-2}$$

直流电压（u_{dc2}）可根据动模系统子模块数和单个子模块电压算得

$$u_{dc} = 400 \times 6\,\text{V} = 2\,400\,\text{V} \tag{5-3}$$

连接变压器阀侧电压（即换流器输出电压）U_{v2} 为

$$U_{v2} = m\frac{\sqrt{3}}{\sqrt{2}}U_{dc2} = 0.77 \times \sqrt{3} \times \frac{1\,200}{\sqrt{2}} \approx 1130\,\text{V} \tag{5-4}$$

式中：m 为直流电压利用率，根据工程和动模调试经验，m 取 0.77。

连接变压器阀侧电流 i_{v2} 为

$$i_{v2} = \frac{S_n}{\sqrt{3}U_{v2}} = 3.57\,\text{A} \tag{5-5}$$

动模系统连接变压器变比一般与实际工程变比相同，不同容量实际工程变比一般小于 1.5，本文取 1.5。连接变压器网侧电压、电流可根据其变比从阀侧算得。

根据柔性直流换流阀相似判据，动模系统桥臂电阻、桥臂电抗、子模块电容及其并联电阻等参数计算如下：

（1）桥臂等效电阻。根据相似判据，有

$$\frac{u_{v1}}{R_1 i_{v1}} = \frac{u_{v2}}{R_2 i_{v2}} \tag{5-6}$$

代入工程参数即可得到动模仿真系统的直流电阻 R_2。

（2）桥臂电抗。根据等时间常数相似判据，在相同的时间尺度下有

$$\frac{L_{S1}}{R_1} = \frac{L_{S2}}{R_2} \qquad\qquad (5-7)$$

代入工程参数即可得动模系统桥臂电抗 L_{S2}。

此外，动模系统桥臂电抗的取值还应避免站内各相之间及两站之间发生谐振，满足电流纹波限制；同时，调节阀电抗器端间电压引起的电流变化率应高于桥臂电流实际变化率。

（3）子模块电容参数。为了保证等效性，将子模块电容值选择与实际工程相同。

考虑到阀机箱的空间紧凑设计，子模块电容器应选择低额定电压型。子模块电容器应具备低杂散电感特性，以避免因频繁调试的高 $\mathrm{d}i/\mathrm{d}t$ 在电容器上引起过电压，同时减小电容器的介质损耗。

（4）子模块电容并联电阻。考虑等时间常数相似判据，在子模块旁路后，与电容、电压测量环节所组成回路的放电时间常数应基本与工程相同。

作为放电电阻，需要考虑旁路或停运后要求放电的时间。根据阻容回路的放电时间常数 $\tau = RC$，一般可以认为经过 5τ 的时间电容上的电将完全放掉。所以，由所选择的电容及所需放电时间，便可给出电阻的阻值选取范围。

5.1.3 动模系统试验及仿真验证

为验证 MMC 动模系统的正确性，可对其进行三相无源逆变试验及 STATCOM 试验。根据动模仿真试验结果，对换流阀实时数字仿真模型进行修正完善，并将其仿真波形与相应的动模仿真试验结果进行对比分析。

1. 三相无源逆变试验

（1）解锁、闭锁试验。MMC 换流阀三相无源逆变简化系统接线图如图 5-1 所示。该系统采用带中性线接法，ABC 三相上、下桥臂经由桥臂电抗连接至阻值为 $600\,\Omega$ 的负载电阻，均压电阻及均压电容保持不变。

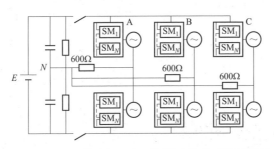

图 5-1　MMC 换流阀三相无源逆变简化系统接线图

　　在 RT-LAB 实时数字仿真器上建立相应的 MMC 换流阀实时数字仿真模型，将数字与动模无源逆变解锁和闭锁仿真波形进行对比，MMC 换流阀解锁和闭锁过程中负载三相交流电压如图 5-2～图 5-5 所示，可见两者都能够可靠的解锁和闭锁，并且变化趋势一致。

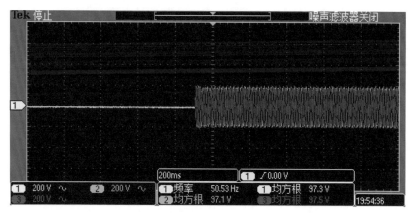

图 5-2　MMC 换流阀解锁过程中负载三相交流电压波形（物理）

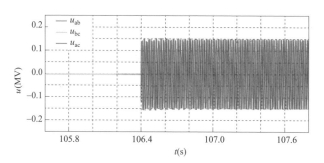

图 5-3　MMC 换流阀解锁过程中负载三相交流电压波形（数字）

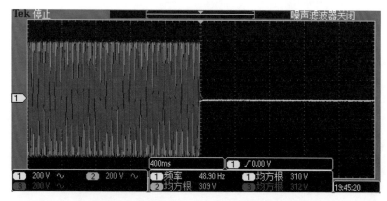

图 5-4　MMC 换流阀闭锁过程中负载三相交流电压波形（物理）

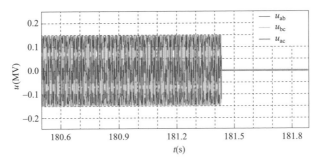

图 5-5　MMC 换流阀闭锁过程中负载三相交流电压波形（数字）

（2）稳态运行。动模系统和实时数字仿真系统的稳态交流负载三相电压波形如图 5-6 和图 5-7 所示。可以看出，无源逆变稳态运行条件下，两种模拟系统三相负载交流电压呈较平滑的正弦波，能够达到预期的测试效果。

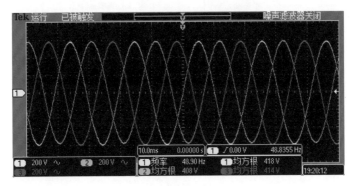

图 5-6　稳态交流负载三相电压波形（物理）

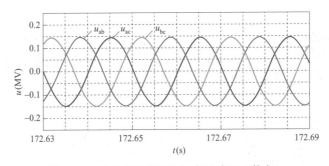

图 5-7　稳态交流负载三相电压波形（数字）

以上仿真结果证明，动模系统无源逆变的可信性较高；同样，实时数字仿真所得到的 MMC 换流阀在无源逆变运行模式下的波形与其高度吻合。

2. STATCOM 试验

STATCOM 运行控制程序框图如图 5-8 所示，其二次系统部分除小站控机箱外，阀控装置等控制程序与三相无源逆变试验保持一致，小站控机箱下发指令由 STATCOM 控制程序决定，而非下发固定量值的正弦波。

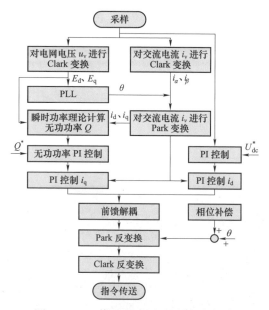

图 5-8 STATCOM 运行控制程序框图

（1）STATCOM 充电试验。在带旁路电阻情况下，充电瞬间 MMC 换流阀交流侧三相电压波形分别如图 5-9 和图 5-10 所示，可见两者基本一致。

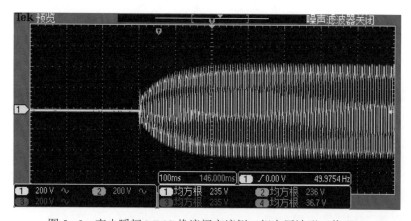

图 5-9 充电瞬间 MMC 换流阀交流侧三相电压波形（物理）

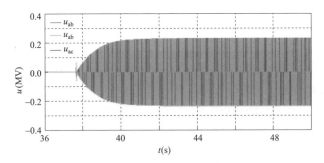

图 5-10 充电瞬间 MMC 换流阀交流侧三相电压波形（数字）

（2）STATCOM 稳态运行。在稳态运行条件下，MMC 换流阀交流侧三相电压波形如图 5-11 和图 5-12 所示，可见两者的变化趋势是基本一致的。

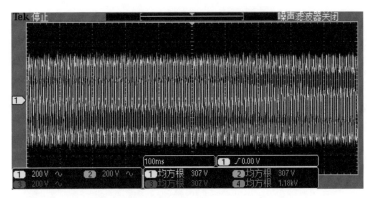

图 5-11 MMC 换流阀稳态运行时交流侧三相电压波形（动模）

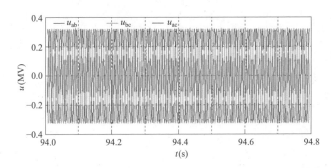

图 5-12 MMC 换流阀稳态运行时交流侧三相电压波形（数字）

（3）STATCOM 运行的解锁、闭锁过程。解锁过程中，交流侧三相电压波形如图 5-13 和图 5-14 所示。可见，动模系统和实时数字仿真系统皆能可靠解锁，并输出平滑稳定的交流电压；然而，在解锁过程中，MMC 换流阀上桥臂三相电流波形有一定差异，见图 5－15 和图 5－16。

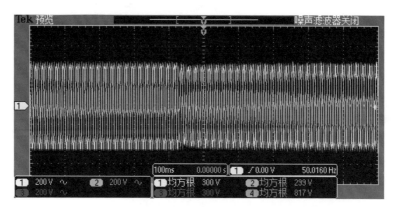

图 5－13　MMC 解锁过程交流侧三相电压波形（物理）

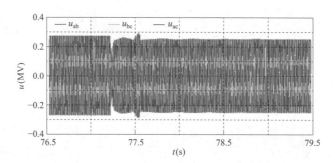

图 5－14　MMC 解锁过程交流侧三相电压波形（数字）

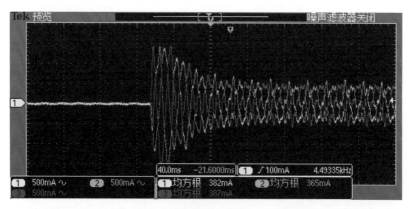

图 5－15　MMC 解锁过程换流阀上桥臂三相电流波形（物理）

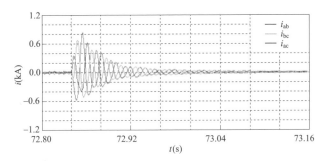

图 5-16 MMC 解锁过程换流阀上桥臂三相电流波形（数字）

闭锁过程中，MMC 换流阀上桥臂三相电流波形如图 5-17 和图 5-18 所示。可知，所建系统均可保证可靠闭锁。动模仿真的换流阀上桥臂三相电流有一定波动，且由于不同的实际物理设备均存在精度问题，也将导致波形产生畸变，这些问题将在后续的动模系统中加入环流控制和滤波装置加以解决；而实时数字仿真模型中，交流侧电源为理想三相交流电压源，且忽略了变压器的饱和特性及 VSC 的开关纹波和杂散参数等非线性特性，因此电流波形的效果比较理想化。

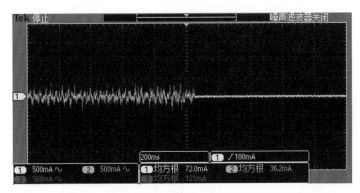

图 5-17 MMC 闭锁过程换流阀上桥臂三相电流波形（物理）

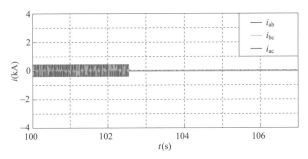

图 5-18 MMC 闭锁过程换流阀上桥臂三相电流波形（数字）

通过以上试验对比分析，进一步验证了所建 MMC 动模系统正确性和实时数字仿真模型的有效性。另外，由大量的仿真验证结果可以看出，动模系统能够真实有效的反映数字仿真所忽略或难以展现的动态特性及非线性特性。

5.2 数字物理混合仿真系统架构

实时数字仿真系统在传统超高压电网的在线仿真研究中得到了广泛应用，其主要思想是通过建立所研究系统的微分方程组，来准确描述该仿真系统的特征，在此基础上，实时求解所建立的微分方程组，实现对所研究系统的电磁和机电暂态现象的精确模拟。对于物理模拟仿真系统，其实际物理装置等效模型是基于相似性理论来建立的，其参数是按照等惯性时间常数法成比例缩小原系统参数得到的，且应保证物理模拟装置与所等效对象的微分方程组基本相同，以实现其物理特性的等效模拟。由于实时数字仿真和物理模拟仿真从数学角度分析，方法是完全统一的，只要实现两仿真系统的边界条件是相同的，便可将两者相连接构成数字物理混合仿真系统。但由于实时数字仿真系统是基于算法求解来实现的，一般都是通过共享存储器的多 CPU 计算机来进行并行计算，是微功率离散信号的仿真系统。而动态物理模拟仿真系统是采用实际装置且时间连续的大功率仿真系统，与微功率数字仿真系统难以直接连接，需要设计合适的接口方案来满足两系统间实际功率传输和实时信号交互的需求，以实现数字仿真系统与动态物理模拟仿真系统的联合仿真。

交直流混联系统的功率连接型数字物理混合（power hardware in-the-loop，PHIL）仿真系统结构如图 5-19 所示。功率接口将原系统分为数字仿真系统（digital simulation system，DSS）和物理仿真系统（hardware under test，HUT）两部分，通过功率接口实现两系统间实际功率的传输和实时信号的交互。数字仿真系统主要包括与 MMC 连接的大规模交流电网、可再生能源发电模型等，运行于实时数字仿真器；在仿真运行过程中，实时数字仿真器在每个仿真步长内需要完成外部信号的采集、模型的实时求解以及对物理侧换流器进行激励等任务。物理仿真系统主要包括按照一定等效原则构建的换流变压器、桥臂电抗器、交直流场、换流阀及其控制保护系统等，以实现对直流系统的动态物理模拟仿真。

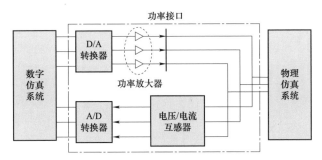

图 5-19　交直流混联系统的 PHIL 仿真系统结构

功率接口是连接数字仿真系统和物理仿真系统的桥梁，是实现 PHIL 仿真的关键技术，其作用是实现两个系统间能量和信号的传输与转换，主要包括接口硬件装置和接口算法两个部分。其中，接口硬件装置主要包括 D/A（A/D）转换器、功率放大器（power amplifier，PA）和电压/电流互感器等装置。功率放大器主要分为功率较大的电压源换流器型功率放大器和线性功率放大器两种，在研究接口算法特性时，通常采用延时环节和受控电压源来进行等效模拟，以简化研究分析过程。D/A 转换器是将数字仿真系统解耦点的电压数字信号转换为模拟信号，经功率放大器放大后传递到物理仿真系统，以驱动换流器正常工作。电压互感器和电流互感器的作用就是采集物理仿真系统解耦点的电压和电流信号，经 A/D 转换后，实时反馈给数字仿真系统，用于求解下一个仿真步长的系统运行状态。接口算法主要完成数字仿真系统和物理仿真系统的信息交互，以保证 PHIL 仿真系统的稳定性和精确性。

5.3　数字物理混合仿真系统接口算法

功率接口算法主要包括信号传输类型和处理方法两方面的内容。PHIL 仿真中常见的功率接口算法有理想变压器模型（ideal transformer model，ITM）法、部分电路复制（partial circuit duplication，PCD）法、时变一阶近似（time-variant first-order approximation，TFA）法、输电线路模型（transmission line model，TLM）法、阻尼阻抗法（damping impedance method，DIM）。

5.3.1　接口算法原理及其仿真分析

5.3.1.1　接口算法原理

1. 理想变压器模型法

理想变压器模型法是 PHIL 仿真技术最早采用和最易实现的方法。根据被放大信号的类型，理想变压器模型可分为电流型 ITM 和电压型 ITM，ITM 法接口结构原理图如图 5-20 所示。

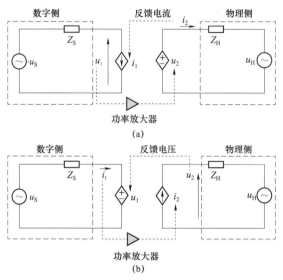

图 5-20 ITM 法接口结构原理图

（a）电压型 ITM；（b）电流型 ITM

ITM 法是以电路替代定理为理论依据，以常用的电压型 ITM 为例，其数字侧采用受控电流源来等效模拟物理侧电路，控制电流由实际物理侧电流互感器的量测电流经 A/D 转换后得到；物理仿真系统采用受控电压源来等效模拟数字仿真系统，其控制电压由数字侧电压经 D/A 转换和功率放大器放大得到。在考虑各环节总延时的情况下，可得 ITM 法的开环传递函数为

$$G_{OL\_V} = -\frac{Z_S}{Z_H}e^{-st_d} \tag{5-8}$$

式中：t_d 为接口时间延迟。

根据奈奎斯特稳定判据，可知电压型 ITM 稳定的充分必要条件为

$$\left|\frac{Z_S}{Z_H}\right| < 1 \tag{5-9}$$

理想变压器模型法的优点在于其原理较为简单，且容易实现。缺点在于接口稳定性取决于 Z_S 和 Z_H 的大小关系，在实际系统中，Z_S 和 Z_H 的值可能是变化的，致使其稳定性较差，在一定程度上限制了该算法的应用；同时，由接口延时所产生的仿真误差会在每个仿真步长内进行累加，将严重影响仿真的精确性。

2. 部分电路复制法

部分电路复制法最早是由 R. Kuffel 等人提出的，其思想源于稀疏技术，该方法先将原始电路划分为多个子电路，再利用迭代法求解，PCD 法接口结构原理图如图 5-21 所示。可以看出，原始电路中的接口连接阻抗 Z_{SH} 被同时接入数字仿真系统和物理仿真系统，用于等效功率放大器的输出阻抗。

PCD 法的开环传递函数为

$$G_{OL\_PCD} = \frac{Z_S Z_H}{(Z_S + Z_{SH})(Z_H + Z_{SH})} e^{-st_d} \qquad (5-10)$$

对于一个电阻性网络，PCD 法稳定性要高于 ITM 法，这主要是由于它可以很容易的实现 G_{OL_PCD} 的幅值小于 1。若该接口算法在指定应用中是收敛的，则可通过足够多的迭代次数来保证其精确性，但是在实际应用中，每个积分步长只可以进行一次迭代，为此，每次迭代所产生的误差应尽可能的小，即 Z_{SH} 的值相比于 Z_S 和 Z_H 越大，系统误差越小，则仿真精确性越好。

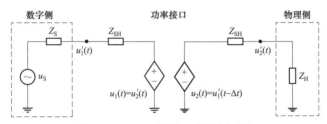

图 5-21　PCD 法接口结构原理图

PCD 法相比于 ITM 法具有较高的稳定性，但由于在实际应用中很难实现 Z_{SH} 的值大于 Z_S 和 Z_H，导致其仿真精度较低，限制了该算法的推广应用。

3. 时变一阶近似法

时变一阶近似法是在假设物理模拟系统可简化等效为一阶线性系统（RC 或 RL）的基础上提出的。主要是利用历史仿真数据，在仿真过程中求解物理侧模型的系数并进行在线更新，进而实现在数字侧修正接口所带来的误差。TFA 法接口结构原理图如图 5-22 所示。

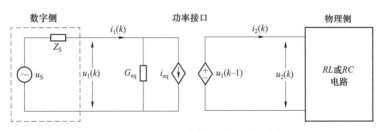

图 5-22　TFA 法接口结构原理图

以一阶 RL 的等效电路为例，对 TFA 法的基本原理进行分析。假设其物理侧满足式（5-11）的等式约束

$$\frac{\mathrm{d}i_2}{\mathrm{d}t} = ai_2 + bu_2 \qquad (5-11)$$

式中：a、b 为未知系数。

对其进行梯形近似并整理可得

$$i_2(k) \approx \alpha \times u_1(k-1) + \beta \times i_2(k-1)$$
$$= G_{\mathrm{eq}} \times u_1(k-1) + I_{\mathrm{eq}} \qquad (5-12)$$

式中：α 和 β 是未知系数，可通过式（5-13）得到

$$\begin{bmatrix} \alpha \\ \beta \end{bmatrix} = \begin{bmatrix} u_1(k-2) & i_2(k-2) \\ u_1(k-3) & i_2(k-3) \end{bmatrix}^{-1} \begin{bmatrix} i_2(k-1) \\ i_2(k-2) \end{bmatrix} \qquad (5-13)$$

进而可根据上一仿真步长中的电压 $u_1(k-1)$ 和电流 $i_2(k-1)$，近似求出物理侧电流 $i_2(k)$，反馈回数字侧，通过反复迭代，最终实现对仿真误差的修正。

TFA 法本质上就是一种预测的算法，不适用于非线性系统和高频系统。此外，该方法还存在以下缺点：① 当电压和电流变化缓慢时，可能会导致矩阵奇异，严重时会导致振荡；② 稳定性较差；③ 对噪声非常敏感，在实际应用中可能难以满足精确性的要求。因此，TFA 法难以实际应用。

4. 输电线路模型法

输电线路模型法是将数字侧和物理侧间的连接电感或电容按输电线路模型来处理，然后再根据分布参数传输线路 Bergeron 等效模型对其进行计算。TLM 法接口结构原理图如图 5-23 所示。其中，$Z_{\mathrm{eq}} = L/\tau$ 或 τ/C，为线路等效阻抗，τ 为线路行波传输时间，在 PHIL 仿真中，其值应大于等于接口延时 t_{d}，以实现对 t_{d} 的精确补偿，保证仿真的精确性。

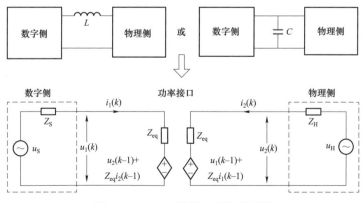

图 5-23　TLM 法接口结构原理图

由于 TLM 法是严格基于梯形近似法实现的，其稳定性较好。同时，利用等效输电线路模型实现数字侧和物理侧的解耦较为方便，且易实现，已被广泛应用于电力系统仿真领域中。但该算法也存在一定缺陷，在仿真过程中，t_d 可能会随着负载状态或信号频率变化而改变，τ 为固定值时将会降低仿真的精确性。Z_{eq} 的数值依赖于解耦元件，只要仿真系统发生变化，Z_{eq} 也会跟着改变，其灵活性较差。此外，其对连接线路长度也有严格要求，限制了该方法的应用领域。

5. 阻尼阻抗法

阻尼阻抗法在电压型 ITM 和 PCD 法的基础上，增加了一个阻尼阻抗 Z^*，结合了两者的优势，呈现出较好的精确性和稳定性。DIM 接口结构原理图如图 5－24 所示。

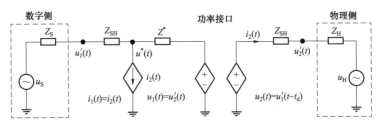

图 5－24　DIM 接口结构原理图

分析可知，当 $Z^*=0$ 时，$u^*(t)=u_1(t)$，DIM 变成了 PCD 法；当 Z^* 趋于无穷大时，相当于开路，数字仿真系统中流过的电流就等于 $i_1(t)$，DIM 转化为电压型 ITM 法。因此，根据 Z^* 的取值，可使其接口稳定性介于 PCD 法和 ITM 之间。该算法的开环传递函数为

$$G_{\text{OL\_DIM}} = \frac{Z_S(Z_H - Z^*)}{(Z_S + Z_{SH} + Z^*)(Z_H + Z_{SH})} e^{-st_d} \qquad (5-14)$$

由式（5－14）可知，当 $Z^*=Z_H$ 时，$G_{\text{OL\_DIM}}=0$，PHIL 仿真系统是绝对稳定的，同时一个积分步长内所产生的仿真误差也不会传递到下一个积分步长中，有效提高仿真的精确性。因此，在已知物理侧结构参数的情况下，DIM 在稳定性和精确性方面相比于其他接口算法都要好。但由于硬件侧不是理想模型，获取 Z_H 的精确值并不容易，且其值也可能是变化的，因此，如何实现物理侧等效阻抗的实时匹配是 DIM 接口算法亟待解决的难点问题。

5.3.1.2　接口算法对比分析

各类接口算法在 PHIL 仿真中具有不同的仿真性能，结合国内外相关研究成果，分别从稳定性、精确性以及实施难易度方面对 5 类算法进行对比，接口算

法特性对比如表 5-1 所示。

表 5-1   接口算法特性对比

接口算法	稳定性	数字侧精确性	物理侧精确性	实施难易度
ITM 法	☆☆	☆☆☆	☆☆☆	☆☆☆☆
PCD 法	☆☆☆	☆	☆	☆☆☆
DIM 法	☆☆☆	☆☆☆☆	☆☆☆	☆☆
TFA 法	☆	☆☆☆	☆☆☆	☆☆
TLM 法	☆☆☆	☆☆	☆☆☆	☆

注 ☆越多表示性能越好。

通过对不同算法特性的对比分析,可得如下结论:① 由于 TFA 法的低稳定性和 PCD 法的低精确性导致两者难以被推广应用,逐渐淡出接口算法的研究领域;② 通过合理选择电压型 ITM 或电流型 ITM,可使其在不同系统研究中具有良好的特性,但由于稳定性相对较差,限制了其在非线性系统中的应用;③ TLM 法凭借其自身的延时补偿性能,有效提高了仿真系统的精确性,但由于其灵活性低,在非线性系统研究中性能较差,且实现起来较复杂,使其应用具有一定的局限性;④ 在实现阻抗实时匹配的基础上,DIM 的特性要明显优于其他算法,但对于硬件侧是未知或结构复杂的仿真系统,其阻抗匹配方法需要进一步的研究。

综合上述分析可知,ITM 法、TLM 法和 DIM 仿真特性较好,是目前 PHIL 仿真系统中具有应用前景的三类接口算法。因此,本书对其进行仿真对比分析,进一步验证三类算法的有效性及其适用性。

5.3.1.3 ITM 法、TLM 法和 DIM 仿真分析

为了有效地分析 ITM 法、TLM 法和 DIM 的稳定性和精确性,在 PSCAD/EMTDC 中搭建了如图 5-25 所示的参考系统模型,其数字侧和物理侧之间分别采用电压型 ITM、TLM 法和阻抗实时匹配的 DIM 接口连接。仿真步长为 20μs,仿真时间为 2s,硬件延时均为 100μs,仿真系统参数如表 5-2 所示。

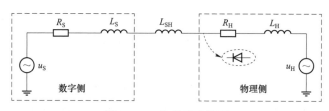

图 5-25   参考系统模型

表 5-2   仿 真 系 统 参 数

系统参数	数值
数字侧等效电源 U_S（kV）	10
物理侧等效电源 U_H（kV）	4
数字侧等效电阻 R_S（Ω）/电感 L_S（H）	5/0.01
物理侧等效电阻 R_H（Ω）/电感 L_H（H）	10/0.012
线路连接电感 L_{SH}（H）	0.001

1. 稳定性对比分析

为了验证物理侧参数变化后，三类接口算法的稳定特性，在系统运行 1s 时，改变其物理侧阻抗，使其电阻和电感都增加至原来的 1.5 倍，1.3s 时，都减小为原来的 0.5 倍，进而得出参考系统与 TLM 法、DIM、ITM 法数字侧电压波形，如图 5-26 所示。

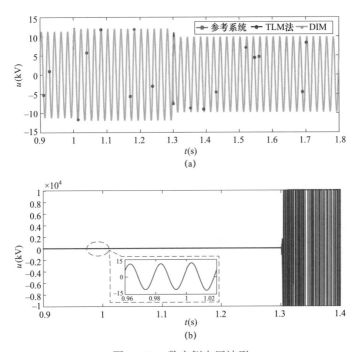

图 5-26   数字侧电压波形
（a）参考系统与 TLM 法、DIM；（b）ITM 法

由图 5-26 可以看出，当物理侧阻抗在运行过程中发生变化时，TLM 法和 DIM 可以保证系统安全稳定运行，而当物理侧阻抗小于数字侧阻抗时，ITM 法

失去稳定，与前述稳定性分析结果一致。

2. 精确性对比分析

数字物理混合仿真系统的精确性是局部的，这是由于经过接口算法的处理，数字侧与物理侧将呈现不同的仿真精度，为此本文将对两系统分别进行精确性的对比分析，并同时考虑了物理侧为线性系统和非线性系统两种情况。

（1）物理侧为线性系统。采用线性物理系统仿真参数，在稳定运行基础之上对比分析数字侧的电压波形以及物理侧的电流波形，并以参考系统为标准，结合式（5-15）对其进行绝对误差分析

$$\Delta X = | X - X_{\text{orig}} | \qquad (5-15)$$

式中：X 为对比变量；X_{orig} 为实际值。

数字侧电压波形及物理侧电源波形如图 5-27 和图 5-28 所示。

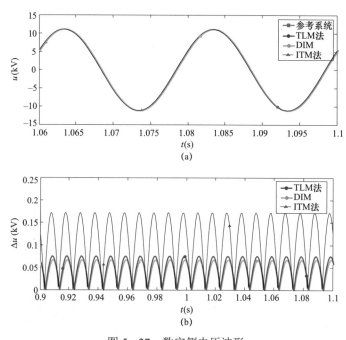

图 5-27　数字侧电压波形

（a）电压波形；（b）TLM 法、DIM 与 ITM 法电压绝对误差

通过对比分析可知，对于数字系统而言，DIM 相比于其他接口算法具有较高的仿真精度，TLM 法的精确性也要优于 ITM 法；而对于物理系统，由于 TLM 法具有延时补偿特性，其仿真精度要高于其他算法，并且相位超前，因此仿真

精度受接口延时影响较大，可通过延时补偿控制方法来提高 PHIL 系统的仿真精确性，ITM 法精确性略高于 DIM 接口算法，与之前仿真精度的理论分析基本一致。

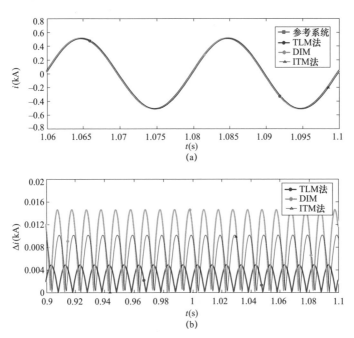

图 5-28 物理侧电流波形

（a）电流波形；（b）TLM 法、DIM 与 ITM 法电流绝对误差

（2）物理侧为非线性系统。在图 5-25 的物理侧添加一个二极管后进行仿真，可得非线性物理系统情况下，三类接口算法精确性对比，系统电压、电流波形如图 5-29 所示。

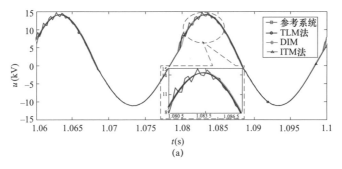

图 5-29 系统电压、电流波形（一）

（a）数字系统电压

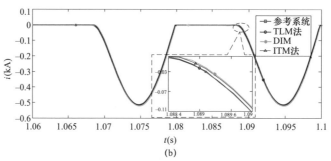

图 5-29 系统电压、电流波形（二）

（b）物理系统电流

由仿真结果分析可知，TLM 法受非线性系统的影响较大，其数字侧电压发生了畸变，仿真精确性较差；ITM 法和 DIM 则几乎不受非线性系统的影响，仿真特性与物理侧为线性系统时基本相同。

综合上述分析，在实现阻抗实时匹配情况下，DIM 相比于 ITM 法和 TLM 法具有较高的稳定裕度和仿真精度，更适用于物理侧阻抗参数为时变或非线性的系统。

5.3.2 接口延时补偿控制方法

在实际 PHIL 仿真系统运行过程中，必须考虑数字仿真步长与接口硬件装置的时间延迟对仿真性能的影响。交流信号的时移等同于频域内的相移，故接口延时的补偿可转化为对信号相位的补偿。对于 MMC-HVDC 数字物理混合仿真系统，由于 MMC 电平数通常较多，所输出的电压阶梯波非常接近正弦波，波形质量高，系统谐波含量较少，且功率放大器具有二阶低通滤波的特性，所以，可以近似忽略各次谐波对其输出电压的影响，只需对基波分量进行延时补偿，即可满足精确性的要求。但由于接口装置产生的时间延迟不是完全确定的，要实现对延时的补偿，就需要分析物理动模平台与数字仿真系统端口基波电压的相位关系，以确定需要补偿的相位值。根据以上分析，提出在 dq 坐标逆变换矩阵中进行延时补偿的控制方法，延时补偿控制方法原理图如图 5-30 所示。

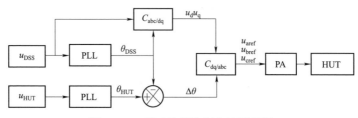

图 5-30 延时补偿控制方法原理图

其中 $C_{\mathrm{dq/abc}}$ 的表达式为

$$C_{\mathrm{dq/abc}} = \sqrt{\frac{2}{3}} \begin{bmatrix} \cos(\omega t + \Delta\theta) & -\sin(\omega t + \Delta\theta) \\ \cos\left(\omega t - \dfrac{2\pi}{3} + \Delta\theta\right) & -\sin\left(\omega t - \dfrac{2\pi}{3} + \Delta\theta\right) \\ \cos\left(\omega t + \dfrac{2\pi}{3} + \Delta\theta\right) & -\sin\left(\omega t + \dfrac{2\pi}{3} + \Delta\theta\right) \end{bmatrix} \qquad (5-16)$$

具体的实现步骤如下：

（1）实时采集功率接口数字（DSS）侧和物理（HUT）侧的电压信号 u_{DSS} 与 u_{HUT}，利用锁相环（PLL）分析得出两者基波相位，并计算其相位差 $\Delta\theta$。

（2）对 u_{DSS} 进行 dq 坐标变换，然后将 $\Delta\theta$ 引入到 dq 逆变换矩阵中，使其相位前移 $\Delta\theta$，并将重新形成的电压信号作为功率放大器（PA）的输入信号，经放大处理后作用于 HUT，以实现对接口延时的补偿控制。

该延时补偿控制方法具有实施简单、补偿精确、控制灵活等特点，且同样适用于反馈通道延时补偿。在无法实现阻抗完全匹配且考虑反馈延时影响的情况下，可通过该方法减小或消除反馈延时对仿真精确性的影响，以满足精确性的要求。

5.3.3　基于阻抗实时匹配的DIM接口算法

DIM 接口算法在阻抗实时匹配的情况下，呈现较好的闭环稳定性和仿真精确性，具有较强的自适应控制能力，适用于交直流混联系统的数字物理混合仿真。对于该 PHIL 仿真平台，其物理动模主要由交直流场、换流变压器、桥臂电抗器和换流阀等组成，获取其精确等效阻抗参数并实时反馈给 Z^* 是保证 PHIL 仿真系统安全稳定运行的前提。

1. MMC 不同工作状态下等效参数

MMC 戴维南等效模型的实质是根据 MMC 的拓扑结构及其工作原理，在建立单个子模块戴维南精确等效模型的基础上，根据子模块间的串联关系，将其等效参数进行累加，进而获得包含 N 个子模块的单个桥臂戴维南精确等效模型。

（1）MMC 解锁运行时的戴维南等效模型。半桥子模块构建而成的 MMC 处于解锁（正常）运行状态时，由 IGBT 和反向并联二极管构成的开关组可以被视为一个由开关指令控制的可变电阻。当 IGBT 导通时，其可变电阻值等于

R_{ON}；当 IGBT 关断时，其可变电阻值取 R_{OFF}。此外，还需采用梯形积分法对子模块电容电压进行离散化，进而建立完整的子模块等效模型。MMC 子模块等效变换过程如图 5-31 所示，等值电路中的 R_1 与 R_2 分别代表子模块上、下开关组的等效可变电阻，其大小取决于自身的开关状态，在 R_{ON} 和 R_{OFF} 间切换；U_{ceq} 和 R_c 整体等效子模块电容；u_{smeq} 和 R_{smeq} 分别为子模块戴维南等效电压和电阻。

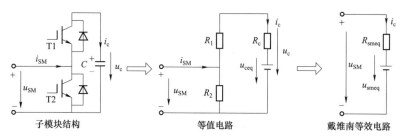

图 5-31　MMC 子模块等效变换过程

在实际工程中，IGBT 器件的通态电阻 R_{ON} 和断态电阻 R_{OFF} 会随着电压和电流的不同而变化，但通常情况下，R_{OFF} 要远大于 R_{ON}。典型的 R_{ON} 和 R_{OFF} 的数量级分别为 10^{-2} 和 $10^6\Omega$，因此，在保证仿真精度的前提下，可近似认为每个 IGBT 的断态电阻为无穷大，以简化换流器等效阻抗的计算，提高仿真效率。简化后的计算公式为

$$R_c = \frac{\Delta T}{2C} \tag{5-17}$$

$$R_{smeq} = \begin{cases} R_{ON} + R_c & 投入 \\ R_{ON} & 切除 \end{cases} \tag{5-18}$$

$$R_{armeq}(t) = NR_{ON} + N_{ON}R_c \tag{5-19}$$

式中：ΔT 为系统仿真步长；N_{ON} 为 t 时刻 MMC 桥臂导通子模块数目；R_{armeq} 为桥臂等效电阻。

通过假设开关器件具有理想关断特性建立 MMC 精确等效模型，获取其等效阻抗参数，在保证精确模拟 MMC 的同时提高了计算效率，进而减小其对仿真实时性的影响，以实现 MMC 解锁时 DIM 接口算法的阻抗实时匹配。

（2）MMC 闭锁运行时的戴维南等效模型。在 MMC 正常运行情况下，每个子模块的运行状态是由阀基控制器决定的，其桥臂等效电阻可根据式（5-14）计算得到。但当 MMC 在启动或直流侧发生双极短路故障时，其子模块都处于闭锁运行状态，MMC 近似运行于不控整流模式，相同桥臂的所

有子模块都将被同时切除或投入，具体工作状态是由其桥臂电流的具体方向来决定的。

基于以上分析，可得 MMC 运行于闭锁状态时桥臂的戴维南等效模型，如图 5-32 所示，图 5-32 中 D_{1eq} 与 D_{2eq} 分别是用来等效同一桥臂所有子模块中的反并联二极管 D_1 和 D_2。当桥臂电流 i_{arm} 大于 0 时，电流经 D_{1eq} 对全部子模块的电容进行充电，而当其小于 0 时，电流流过 D_{2eq}，全部子模块都将处于旁路状态。

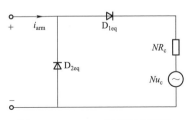

图 5-32 MMC 闭锁时桥臂的
戴维南等效模型

通过分析图 5-32 可以知道，MMC 运行于闭锁状态时的桥臂等效电阻为

$$R_{armeq}(t) = \begin{cases} NR_{ON} + NR_c & i_{arm} > 0 \\ NR_{ON} & i_{arm} < 0 \\ 10^{12}\ \Omega\ (+\infty) & i_{arm} = 0 \end{cases} \qquad (5-20)$$

在式（5-20）中，当 $i_{arm}=0$ 时，桥臂等效电阻取 $10^{12}\Omega$ 而不是无穷大电阻，是因为受到数字仿真软件的约束，不能调用电阻为无穷大的支路，所以直接给出了一个比较大的值来模拟。因此，可通过实时检测桥臂电流的方向，并结合式（5-15）计算得到 MMC 闭锁时的桥臂等效电阻，以实现 MMC 闭锁时 DIM 接口算法的阻抗实时匹配。

2. DIM 阻抗实时匹配方法

在 MMC-HVDC 数字物理混合仿真系统实际运行中，数字侧解耦点的电压信号被接口处理后经换流变压器作用于 MMC 换流站。由于 MMC 三相桥臂是对称结构，自身构成交流回路，无交流电流流入直流侧；同时，直流电流对反馈回数字侧的电压、电流信号也不会产生影响。因此，DIM 只需实时匹配与接口直接相连的输电线路阻抗、换流变压器阻抗和 MMC 交流侧等效阻抗，即可实现 PHIL 仿真系统安全稳定运行。

根据 MMC 解锁和闭锁运行时的戴维南等效模型可得物理侧的阻抗等效模型如图 5-33 所示。根据 MMC 的工作原理可知，当其运行于解锁状态时，三相桥臂中的交流分量近似运行于对称状态，所以其交流侧的等效阻抗即为各相上、下桥臂等效阻抗的并联；输电线路与换流变压器的等效电阻 R_e 和等效电感 L_e 可通过其实际相关参数计算得到，进而可得物理侧交流侧各相等效电阻 R_x 与等效电感 L_x 的计算公式为

$$R_x = R_e + \frac{(R_{armxp} + R_{armxn})(R_{armxp}R_{armxn} + \omega^2 L_0^2)}{(R_{armxp} + R_{armxn})^2 + 4\omega^2 L_0^2} \qquad (5-21)$$

$$L_x = L_e + \frac{L_0(R_{armxp}^2 + R_{armxn}^2 + 2\omega^2 L_0^2)}{(R_{armxp} + R_{armxn})^2 + 4\omega^2 L_0^2} \qquad (5-22)$$

式中：下标 $x \in \{a, b, c\}$ 为所在相；下标 p 和 n 分别表示上、下桥臂；R_{armxp} 和 R_{armxn} 分别为各相上、下桥臂的等效电阻。

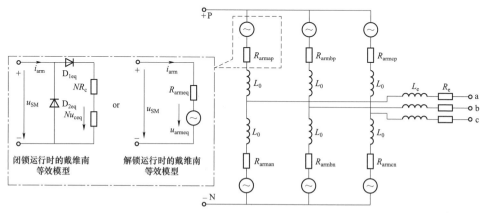

图 5-33　物理侧的阻抗等效模型

R_{armxp} 和 R_{armxn} 为时变量，R_x 与 L_x 也是随时间变化的，因此，需要实时检测子模块状态，并根据式（5-14）计算得到 MMC 解锁运行时各桥臂的等效电阻，进而获取物理侧交流侧等效阻抗的参数 R_x 和 L_x，并将其实时反馈回数字侧的附加阻抗 Z^*，以保证 PHIL 仿真系统的稳定性和精确性。

当 MMC 直流侧发生双极短路故障时，其子模块都将被闭锁，MMC 近似运行于不控整流状态。因此，可通过实时检测桥臂电流方向，根据式（5-15）计算得到 MMC 闭锁运行时各桥臂的等效电阻，并结合公式（5-16）和式（5-17）计算得到物理动模交流侧等效阻抗参数，以实现 MMC 闭锁时 DIM 接口算法的阻抗实时匹配，达到 PHIL 仿真系统精确模拟 MMC 闭锁时系统运行特性的目标。

综合上述分析，根据 MMC 解锁或闭锁运行时的精确等效模型参数，可实现不同运行工况下 DIM 接口算法阻抗的高效匹配，DIM 阻抗实时匹配流程如图 5-34 所示。

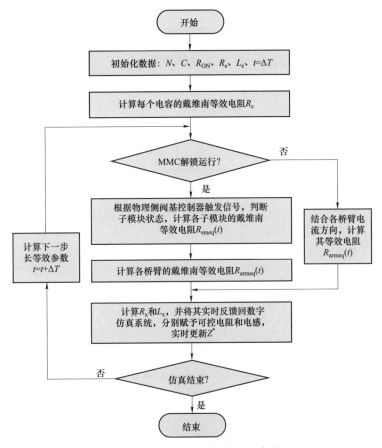

图 5-34　DIM 阻抗实时匹配流程

3. 仿真算例及特性分析

为了验证 DIM 接口算法的稳定性和精确性，在 PSCAD/EMTDC 仿真软件中搭建了基于 DIM 接口算法的双端 MMC-HVDC 全数字仿真系统，以此系统为参考系统，分别将 DIM 接口和 ITM 接口接入 MMC1 侧交流母线 1 与换流变压器之间，建立功率接口解耦的仿真系统，对比分析相同工况下三个系统的仿真结果，以验证所提改进 DIM 接口算法的有效性。MMC-HVDC 测试系统示意图如图 5-35 所示。其中子模块采用开关器件搭建的详细仿真模型，MMC1 采用的是定有功功率和无功功率控制模式，MMC2 采用的是定直流电压和无功功率控制模式，仿真步长为 20μs，11 电平 MMC-HVDC 仿真参数如表 5-3 所示。

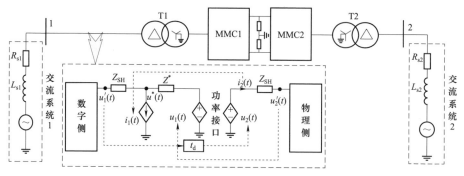

图 5-35 MMC-HVDC 测试系统示意图

表 5-3   11 电平 MMC-HVDC 仿真系统参数

部件	参数	数值
交流系统	交流电压 U_{L-L_RMS}（kV）	35
	等效电阻 R_s（Ω）/电感 L_s（H）	0.1/0.02
换流变压器	接线形式	d/Yn
	额定容量 S_{TN}（MVA）	30
	变比 K（kV/kV）	35/31
	等效电阻（Ω）/电感（H）	0.01/0.012
MMC	桥臂电感 L_0（H）	0.053
	子模块电容 C（μF）	6000
	电容初始电压 U_{C0}（kV）	6
	功率器件 R_{ON}（Ω）/R_{OFF}（Ω）	$10^{-2}/10^6$
直流系统	直流电压 U_{dc}（kV）	60
	额定传输容量 S_N（MVA）	20
功率接口	连接阻抗 Z_{SH}（Ω）	0.01
	D/A 及功放延时（μs）	26
	A/D 及电流互感器延时（μs）	3.5
	A/D 及电压互感器延时（μs）	12.5
输电线路	等效电阻（Ω）/电感（H）	0.01/0.01

接口稳定性和仿真精确性是 PHIL 仿真系统的两个重要特性,仿真验证包括:
① 对 MMC 解锁时的不同运行工况进行仿真,对比分析 DIM 接口算法和 ITM
接口算法的稳定性性能; ② 对直流侧发生永久性双极短路故障进行仿真, 验证
MMC 闭锁时 DIM 阻抗实时匹配方法的有效性;③ 通过对比 DIM 接口系统、ITM
接口系统与参考系统的仿真结果, 分析其仿真精度, 并验证延时补偿控制方法

的有效性。

（1）接口稳定性验证。为了验证 MMC 正常运行工况下 DIM 阻抗实时匹配方法在不同运行工况下的有效性及其稳定性能，本节分别对双端 MMC–HVDC 传输的有功、无功功率发生变化和交流系统发生短路故障两种事件进行了仿真。

1）传输功率变化时接口稳定特性。在仿真系统运行过程中，改变传输的有功、无功功率，分析其对接口稳定性的影响。在 0.3s 时将双站同时投入运行，MMC1 运行于 P_1=0pu，Q_1=−0.8pu，即工作在 STATCOM 模式；MMC2 运行于 U_{dc}=1.0pu，Q_2=−0.2pu。2s 时改变 MMC1 的运行状态，使其 P_1=0.8pu，Q_1=0pu。传输功率变化时接口稳定特性如图 5–36 所示。

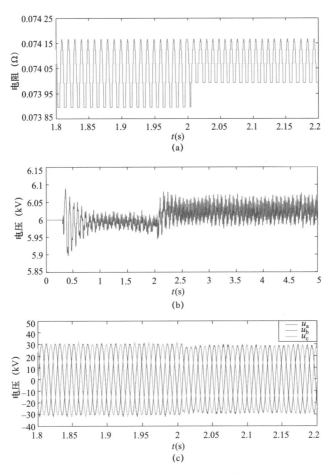

图 5–36　传输功率变化时接口稳定特性（一）

（a）A 相实时匹配电阻；（b）A 相上桥臂子模块电容电压；（c）交流母线 1 三相电压

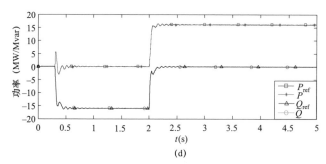

图 5-36 传输功率变化时接口稳定特性（二）

（d）有功功率和无功功率

仿真结果表明，当系统运行工况发生变化时，接口系统可以继续安全稳定运行，且其功率动态响应与参考系统基本一致，最大偏移量和调整时间几乎相等，可快速恢复稳定运行，进而验证改进接口算法具有良好的稳定性，而且不会影响 MMC 控制器的性能。

2）交流系统故障时接口稳定特性。设定 MMC1 始终运行于 $P_1=0.8\text{pu}$，$Q_1=-0.2\text{pu}$，通过对比分析改进 DIM 接口算法与 ITM 接口算法在不同短路故障下的仿真特性，以验证所提算法的稳定性性能。在 $t=2\text{s}$ 时，设置交流母线 1 发生三相短路接地故障，持续时间 100ms；$t=3\text{s}$ 时，在换流变压器 T1 高压侧引入持续 100ms 的单相短路接地故障。交流系统故障时接口稳定特性如图 5-37 所示。

根据仿真结果可以看出，即使交流侧发生严重短路故障，在故障切除后，DIM 接口系统仍然可以快速恢复稳定运行状态；而在物理侧发生单相短路故障时，由于其等效阻抗小于数字侧等效阻抗，导致 ITM 接口系统失去稳定。对比结果表明，所提改进 DIM 接口算法有效提高了 PHIL 仿真系统的稳定性。

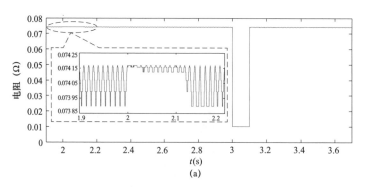

图 5-37 交流系统故障时接口稳定特性（一）

（a）DIM 接口系统 A 相实时匹配电阻

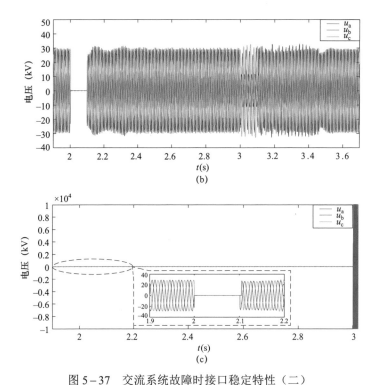

图 5−37　交流系统故障时接口稳定特性（二）

（b）DIM 接口系统交流母线 1 三相电压；（c）ITM 接口系统交流母线 1 三相电压

（2）MMC 闭锁时 PHIL 仿真暂态特性。对 P_1=0.8p.u.，Q_1=−0.2p.u.工况下的系统进行仿真，3s 时 MMC1 侧直流母线发生永久性双极短路故障，考虑 1ms 的延时，系统于 3.001s 时闭锁换流器，在 3.1s 时跳开交流断路器。直流故障时接口系统暂态特性如图 5−38 所示。

MMC 闭锁后，交流系统通过反并联二极管继续向子模块电容充电，当桥臂电容电压和大于交流侧的电压幅值时，将导致桥臂电流出现偏置，使其等效电阻变为常数。从仿真结果可以看出，基于所提 MMC 闭锁时阻抗实时匹配方法的接口仿真系统可以精确模拟直流故障期间的暂态过程、闭锁后不控整流过程以及交流断路器断开后的动态过程，其仿真波形匹配度高于 ITM 接口系统，可以满足 MMC−HVDC 系统仿真研究的需求。

（3）接口精确性分析。对 PHIL 仿真系统精确性的分析主要可以分为数字侧仿真精确性的分析和物理侧仿真精确性的分析。为了定量分析接口系统的仿真精度，给出如下指标

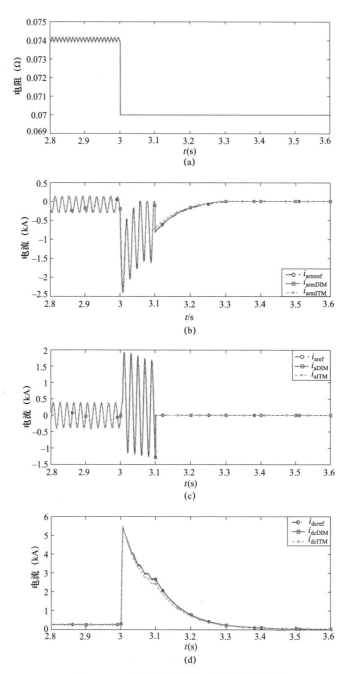

图 5-38 直流故障时接口系统暂态特性

（a）A 相实时匹配电阻；（b）A 相上桥臂电流；（c）交流母线 A 相电流；（d）直流电流

$$\delta_{\mathrm{P}} = \left| \frac{P_{\mathrm{n}} - P}{P_{\mathrm{n}}} \right| \times 100\% \qquad (5-23)$$

式中：δ_{P} 为有功功率的稳态相对误差；P_{n} 为有功功率参考值；P 为实际稳态有功功率。

控制接口系统稳定运行于 $P_1 = 0.8\mathrm{pu}$，$Q_1 = -0.2\mathrm{pu}$，通过仿真可得改进 DIM 接口系统与 ITM 接口系统有功功率及其稳态相对误差与参考系统的对比波形，数字侧仿真精确性如图 5-39 所示，物理侧仿真精确性如图 5-40 所示。

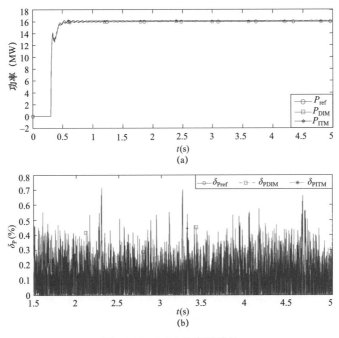

图 5-39 DSS 仿真精确性
（a）有功功率；（b）有功功率稳态相对误差

对仿真结果进行分析可知，ITM 接口系统数字侧有功功率最大相对误差为 0.71%，改进 DIM 接口系统为 0.56%，略大于参考系统的 0.43%；而物理侧改进 DIM 接口系统有功功率相对误差的最大值却达到了 2.72%，略大于 ITM 接口系统的 2.68%，相对参考系统其误差较大，精确性较差。结果表明，在受调制耦合、系统谐波等因素影响，无法实现阻抗完全匹配的情况下，改进 DIM 接口算法数字侧的仿真精度相比于 ITM 接口算法仍有提高，呈现出较好的仿真精确性；而物理侧的精确性却受接口延时的影响较大，难以实现对实际系统特性的精确模拟。

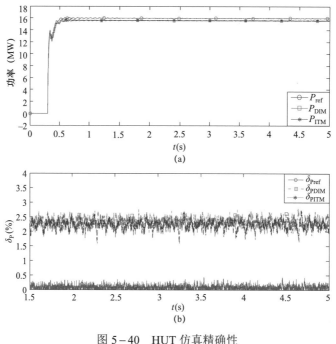

图 5-40　HUT 仿真精确性

（a）有功功率；（b）有功功率稳态相对误差

为进一步研究接口延时对精确性的影响，依次调整延时 t_d 为 20、25、30、35μs 和 40μs，分别仿真计算有功功率相对误差，如表 5-4 所示。

表 5-4　　　　　　　　　　不同接口延时产生的有功相对误差

t_p（μs）	20	25	30	35	40
δ_p（%）	2.44	2.68	2.76	2.83	2.92

由表 5-4 中的数据可知，物理侧子系统有功功率相对误差随着 t_d 增大而增大，其精确性受延时影响较大。为此，需将本文所提接口延时补偿控制方法应用于 DIM 接口系统中，以提高物理侧的仿真精度。通过仿真可得参考系统与物理侧延时补偿前后有功功率及其相对误差，延时补偿特性如图 5-41 所示。

仿真结果表明，延时补偿前后有功功率最大相对误差由 2.72% 降到 1.41%，该方法具有较好的稳态补偿效果。

为了进一步验证该延时补偿方法对 MMC-HVDC 暂态过程的适用性，在 t=2s 时，使换流母线 1 发生单相短路接地故障，持续时间 0.1s，暂态延时补偿特性如图 5-42 所示。ΔP 为接口延时补偿前后相对参考系统的有功功率偏差。

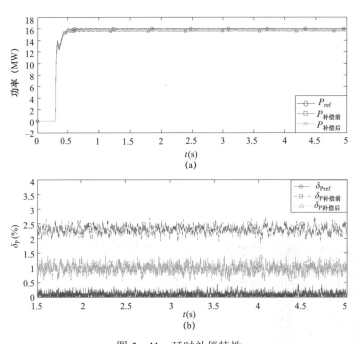

图 5-41 延时补偿特性

（a）补偿前后有功功率；（b）补偿前后有功稳态相对误差

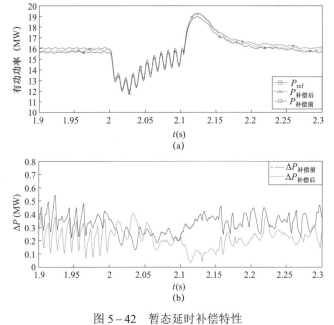

图 5-42 暂态延时补偿特性

（a）单相短路故障有功功率；（b）补偿前后有功功率偏差

对仿真结果分析可以得出，在发生故障瞬间，由于锁相环无法瞬时跟踪相位，导致补偿后功率偏差相对补偿前偏大；但很快恢复补偿性能，使补偿后功率更加接近参考系统，具有较好的暂态延时补偿效果。

5.4 数字物理混合仿真实验

搭建双端背靠背 49 电平 MMC-HVDC 数字物理混合仿真平台，如图 5-43 所示。

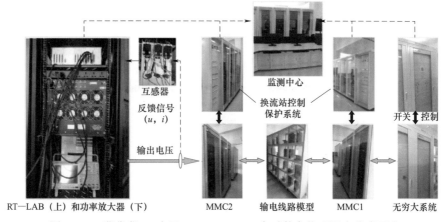

图 5-43　背靠背 49 电平 MMC-HVDC 实时数字物理混合仿真平台

物理系统：双端 49 电平 MMC-HVDC 物理动态仿真系统。

数字系统：2 台 OP5600、1 台 OP5607 构成的 RT-LAB 实时数字仿真系统。

功率接口装备：2 台 3×2kVA 四象限功率放大器。

在此平台中，DSS 子系统运行于实时数字仿真装置 RT—LAB 中，线性功率放大器的型号为 PA-3×2000-AB/400V-5A，带宽为 15kHz，其输出电压直接作用于物理模拟平台的换流站设备模型，换流站主要包括换流变压器、桥臂电抗器、交直流输电线路模型、49 电平 MMC 及其控制保护系统（阀极控制器和极控保护装置）。数字系统解耦点电压和电流经互感器采集后实时反馈回 RT—LAB 中的物理系统，以此实现数字物理系统的联合仿真。PHIL 仿真测试平台中 MMC1（逆变站）是定有功功率和无功功率控制，MMC2（整流站）采用的是定直流电压控制和定无功功率控制，PHIL 仿真测试平台参数如表 5-5 所示。

表 5-5　　　　　　　　PHIL 仿真测试平台参数

部件	参数	数值
交流系统	交流电压 U_{AC_RMS}（V）	380
	等效电阻 R_s（Ω）/电感 L_s（H）	0.1/0.02
变压器	接线形式	Δ/Yn
	额定容量 S_{TN}（kVA）	2.1
	变比 K（V/V）	380/193
	等效电阻 R_T（Ω）/电感 L_T（H）	0.2/0.024
MMC	桥臂电感 L_0（H）	0.014
	子模块电容 C（μF）	6000
	电容初始电压 U_{C0}（V）	13.33
	功率器件 R_{ON}（Ω）/R_{OFF}（Ω）	$10^{-2}/10^6$
直流系统	直流电压 U_{dc}（V）	400
	额定传输容量 S_N（kW）	1.8
功率接口	连接阻抗 Z_{SH}（Ω）	0.01
	D/A 及功放延时 t_d（μs）	30
	A/D 及互感器延时（μs）	4
交流输电线路	等效电感 L_{ACl}（H）	0.013
直流输电线路	等效电感 L_{DCl}（H）	0.028

5.4.1　数字物理混合仿真测试流程

由于 MMC 各相桥臂子模块中存在很多电容器，在换流器工作于正常运行状态前，需要对子模块中的电容进行预充电，因此，合理的启动测试流程是必要的。结合 MMC-HVDC 物理动模平台的启动控制及 DIM 接口算

法的实现流程,交直流混联系统 PHIL 仿真平台的启动测试流程应包含以下
3 个阶段:

第 1 阶段,将数字侧解耦点电压按比例缩小至实际期望值(即物理侧解耦
点额定电压与 PA 放大倍数的比值),并利用 RT—LAB 中信号调理模块(D/A)
将其转换为模拟信号,经 I/O 模块输出后作为 PA 的输入信号,进而为物理动模
平台提供工作电压。

第 2 阶段,待物理侧解耦点电压达到稳态运行值后,开始启动物理动模测
试平台。首先,将直流线路两侧开关断开,并通过串接的限流电阻器,利用交
流系统电压分别对 MMC1 和 MMC2 进行不控整流充电,直至两端换流站直流侧
电压达到交流系统线电压的幅值。然后,将限流电阻器旁路并解锁换流站,通
过流入的功率进一步提升直流侧电压至额定值。最后,依次闭合直流线路两侧
的开关,接通直流线路,将两端换流站连接起来。

第 3 阶段,直流侧开关合闸成功后,将有功类和无功类控制指令值提升
至参考值,并将信号调理模块(A/D)转换后的物理侧解耦点电压、电流以
及换流变网侧电压信号反馈回数字系统中,乘以相关比例系数后作为受控电
压源、受控电流源以及相关计算模块的输入量,实现 PHIL 仿真测试平台的顺
利启动。

待交直流混联系统的 PHIL 仿真平台启动完成后,即可以进行柔性直流输
电控制保护策略的性能验证、参数校核、软硬件功能校验与可靠性测试、换流
阀控制系统调试、换流阀动态特性及系统交互影响分析等测试,为相关研究和
工程设计提供重要的研究手段。

5.4.2 算例分析

基于上述 PHIL 仿真测试流程进行硬件在环实验,PHIL 测试平台启动及稳
态实验波形如图 5-44 所示。其中,图 5-44(a)为 MMC2 由不控整流充电
状态解锁并运行于定直流电压/无功功率控制时直流电压变化的实验波
形;图 5-44(b)为 MMC1 功率指令值提升至 0.8pu 且构成闭环仿真时直流电
压和电流变化的实验波形;图 5-44(c)为稳态运行时网侧三相交流电流与阀
侧 A 相交流电压的实验波形;图 5-44(d)为环流抑制控制投入后 A 相上、下
桥臂电流及环流的实验波形。

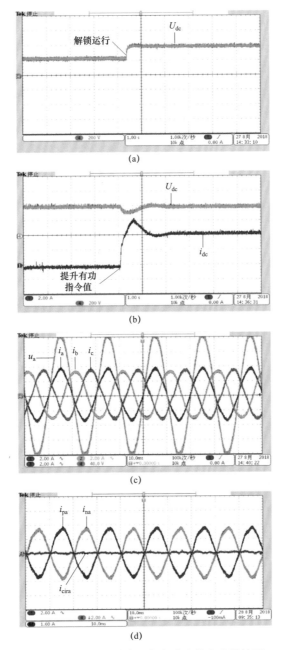

图 5－44　PHIL 测试平台启动及稳态实验波形

（a）直流电压；（b）直流电压和电流；（c）网侧三相交流电流与阀侧 A 相交流电压；
（d）A 相上、下桥臂电流及环流

根据实验波形可以看出，在子模块电容预充电完成后，解锁换流站可将直流电压快速提升到额定电压，呈现出较好的动态响应特性；在进行有功功率阶跃实验时，直流电流出现较大冲击，且直流电压产生跌落，但可以较快的恢复并跟踪到指令值，维持安全稳定运行，且内部环流较小，从而证明了 MMC 控制器良好的响应速度和控制性能。该实验结果验证了启动测试流程的有效性，同时也表明 DIM 接口算法在进行硬件在环稳态实验时，可以保证系统的安全稳定运行，且不会影响 MMC 控制器的响应性能。

6

换流阀控制保护装置数字仿真测试技术

随着直流电网规模的不断扩大，高压大容量柔性直流输电换流阀中子模块的数量急剧增加，不仅大大提高了工程设计和应用的难度，也给控制保护系统的研制和测试带来了困难。大规模柔性直流工程在投入前需要进行相关的功能测试，在实际工程中对控制保护系统的测试存在诸多问题，如测试成本高、测试周期长、测试过程中存在安全隐患等，基于实时数字仿真系统的控制硬件在环（controller Hardware In Loop，CHIL）测试技术能够很好地解决这些问题。通过在实时数字仿真软件中对实际工程建模，并经由相关的接口装置与实际控制保护系统相连，就可以仿真模拟实际工程中的各种复杂工况和极端故障，从而准确地测试控制保护装置的性能。

6.1 换流阀控制保护装置数字仿真测试平台总体设计

换流阀控制保护装置（简称阀控装置）是直流输电二次系统中的核心元件，是连接换流阀与直流控制装置的接口设备，是实现对换流阀控制和保护的重要环节。

工程测试中，被测控制保护装置需要与现场系统完全一致，否则会存在试验结果可信度降低的问题，为了能够实现数字测试系统与工程换流器阀控设备上的光纤一对一直接接入测试系统，需要对测试系统阀控装置的接口单元总体架构进行设计。

采用转接机箱作为全比例仿真中间设备，与换流器阀控装置、数字仿真主机对接。转接机箱能实现与工程阀控设备上的光纤一对一直接相连，然后直接通过 Aurora 协议接入 OP5607/OP7020。阀控装置接口单元总体架构如图 6-1 所示。

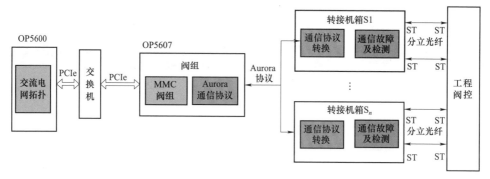

图 6−1　阀控装置接口单元总体架构方案

在图 6−1 中，OP5600 是基于 CPU 的实时仿真器，主要用于进行系统参数设置和交流电网模型的仿真；OP5607 是基于 FPGA 的实时仿真器，主要用作换流阀阀体仿真及 IO 接口，通过光纤接收驱动信号及发出相应的子模块电压，IO 接口主要用于模拟量的输出及相应数字量信号的输入/输出。

转接机箱采用低速 ST 光纤接口，每台转接机箱可以同时接入 128 对光纤（一发一收），主要作用为协议转换，将 OP5607 的 Aurora 协议转换为阀控设备实际协议，将阀控装置直接接入仿真系统内，不需要简化其控制策略，使整个系统更加清楚简单。

阀控装置接口单元总体架构方案采取以下原则：

（1）转接机箱与换流器阀控全比例接口，可以模拟与工程现场一致的阀控光纤接口。

（2）转接机箱可以替代阀控光纤汇总箱，且通用性强。

（3）可以实现上下行光纤故障、欠电压故障、过电压故障、模块旁路等模块故障。

（4）转接机箱与 OP5607 兼容性好。

对于多个阀组的系统，可以针对一个阀组进行一一对应连接的全比例仿真，其他阀组用 FPGA 数字仿真，单端阀组全比例接入数字仿真系统示意图如图 6−2 所示。

该方案有如下特点：

（1）1 号阀组接全比例仿真，与真实的阀控连接。

（2）其他 3 个阀组为封装的源程序阀控算法。

（3）该方案可节省 3 套阀控装置。

该方案的优点在于能够实现阀控装置全功能的验证，与现场的阀控功能保持一致；但该方案需要转接机箱作为中间装置，费用高，开发周期长。

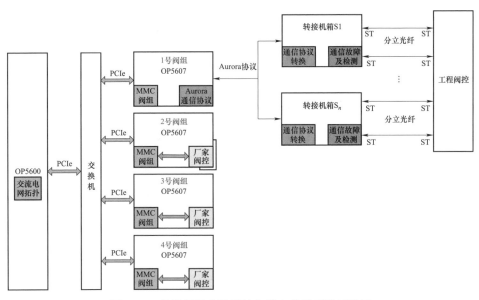

图 6-2　单端阀组全比例接入数字仿真系统示意图

6.2　换流阀控制保护装置数字仿真系统接口单元设计

6.2.1　接口单元硬件架构设计

根据柔性直流输电工程中阀控装置的功能定位和测试需求，阀控装置可以与实时数字仿真系统（RTDS/RT-LAB）通过一定的接口单元进行连接，构成阀控装置联调试验系统。接口单元包括硬件架构和通信时序。由于阀控装置与工程子模块通信连接方式、光纤通信速率和 RTDS/RT-LAB 接口形式存在很大差异，需要设计联调试验方案，开发转接机箱，实现通信协议与通信速率的转换。

1. RTDS/RT-LAB 与阀控装置接口差异对比

RTDS/RT-LAB 接口与阀控装置子模块接口存在的差异主要体现如表 6-1 所示。

表6-1   接 口 差 异

项目	RTDS/RT-LAB 接口	阀控装置子模块接口
光纤形式	LC 端子，SFP 光纤	ST 端子，多模光纤
通信速率	2Gbps	2Mbps/4Mbps（硬件最高 50Mbps）
通信协议	Aurora 协议	反曼彻斯特编码，自己约定的协议
通信内容	每根光纤包含最多 256 个子模块的信息（控制命令或状态信息）	每根光纤为 1 个子模块的信息（控制命令或状态信息）
通信周期	10μs	100μs/125μs

由表 6-1 可知，为了能充分测试工程中应用的阀控装置软件程序，需要单独设计转接机箱匹配实际工程中所用的阀控装置与 RTDS/RT-LAB。

2. 联调方案拓扑设计

根据功能需求，联调试验拓扑设计如图 6-3 所示。

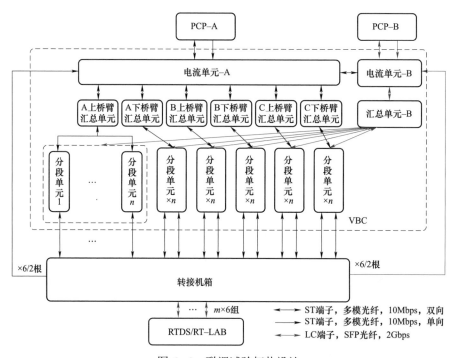

图 6-3 联调试验拓扑设计

根据图 6-3 可知，转接机箱作为阀控装置与 RTDS/RT-LAB 的转接设备主要承担如下任务：

（1）将一个桥臂分段机箱下发的 SM 控制命令汇总，并下发给 RTDS/RT-LAB。

（2）将 RTDS/RT-LAB 回馈的 SM 电压信息、运行状态信息拆解，并分别回报对应的分段机箱。

（3）将 RTDS/RT-LAB 回馈的桥臂电流信息拆解，并分别回报电流机箱 A、B 系统。

3. 转接机箱设计

（1）整体架构。根据上述需求分析，转接机箱架构设计如图 6-4 所示。

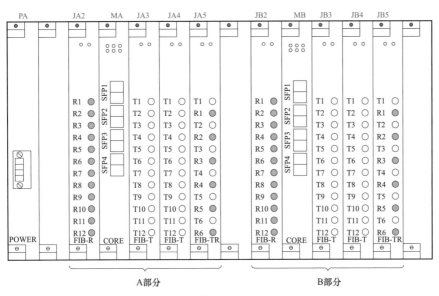

图 6-4　转接机箱架构设计

转接机箱架构说明：

1）转接机箱采用 6U 架构。

2）单电源板供电。

3）功能板卡分为完全相同的 A 部分和 B 部分，可以配置成两个桥臂或者两个相的功能。

4）每块核心板配置 4 路 SFP 高速光纤通信通道。

5）配置多路低速光纤通信通道。

（2）各板卡功能要求。转接机箱主要包括 5 种板卡，各种板卡基本功能要求如下：

1）电源板（POWER），为接口机箱供电，24V 直流输入，空气自然散热。

2）核心板（CORE），包含主逻辑处理芯片，协同各个通信接口的数据格式与时序。

3）光接收板（FIB-R），为核心板扩展光接收通道。

4）光发送板（FIB-T），为核心板扩展光发送通道。

5）光收发板（FIB-TR），为核心板扩展发发送和接收通道。

除上述之外，设备必须运行可靠，通信误码率小于百万分之一。

6.2.2 接口单元通信时序

1. 由阀控装置到 MMC 的脉冲信号传输时序

一根光纤对应于一个桥臂，桥臂的子模块数对应于实际工程的个数。一个数据为 32bit，用于表示 4 个子模块。每个子模块有 8bit，接口时序分别为 bit0（LSB）：g1；bit1：g2；bit2：g3；bit3：g4；bit 4：bypass；bit 5～7：reserved。每个数据与信息量对应表如表 6-2 所示。最小刷新速率设置为 1μs/包。

表 6-2 　　　　　　　　　　 每个数据与信息量对应表

address	Data（1 bit）	address	Data（1 bit）
Bit 0	g1 of SM0	Bit 5～7	reserved for SM0
Bit 1	g2 of SM0	Bit 8～15	gating of SM1
Bit 2	g3 of SM0	Bit 16～23	gating of SM2
Bit 3	g4 of SM0	Bit 24～31	gating of SM3
Bit 4	bypass of SM0		

以一个桥臂有 540 个子模块为例，共需要 135（540/4＝135）个数据。不同数据与信息量对应表如表 6-3 所示。

表 6-3 　　　　　　　 不同数据与信息量对应表（阀控装置-MMC）

address	Data（32 bit）
0	gating of SM0，…，SM3
1	gating of SM4，…，SM7
…	…
134	gating of SM536，…，SM539

2. 由 MMC 到阀控装置的测量数据量传输时序

以一个桥臂有 540 个子模块为例，共需要传输 344 个数据量：① 前 6 个数据量用于依次传输 6 个桥臂电流量，即 Aup、Alow、Bup、Blow、Cup、Clow；

② 之后的 270（540/2=270）个数据用于传输电容电压，一个数据（32bit）用于 2 个电容电压的传输；③ 之后的 68（540/8=68）个数据用于传输子模块状态，1 个数据量（32bit）用于 8 个子模块。不同数据与信息量对应表如表 6－4 所示。最小刷新速率设置为 3μs/包。

表 6－4　　　　　　　不同数据与信息量对应表（MMC–阀控装置）

address	Data（32 bit）	address	Data（32 bit）
0	Valve Aupper current（Aup）	7	Vcap of SM2，SM3
1	Valve Alower current（Alow）	...	...
2	Valve Bupper current（Bup）	275	Vcap of SM538，SM539
3	Valve Blower current（Blow）	276	States of SM0，…，SM7
4	Valve Aupper current（Cup）	277	States of SM8，…，SM15
5	Valve Alower current（Clow）	...	...
6	Vcap of SM0，SM1	343	States of SM536，…，SM539

（1）桥臂电流量。每个电流量的数据格式为低 24 位为有效位，格式为 FIX 24.20，正方向为从正直流母线流向负直流母线，且为标幺值。表 6－4 中数据 0 对应的数量信息量如表 6－5 所示。

表 6－5　　　　　　　　数据 0 对应的数据信息量

bit 24～31	bit 0～23
reserved	current valve 1，FIX24.20

（2）电容电压。每一个 32bit 的数据用于 2 个模块电容电压的传输，格式为 FIX 16.13，且为标幺值。表 6－4 中数据 6 对应的数量信息量如表 6－6 所示。

表 6－6　　　　　　　　数据 6 对应的数据信息量

bit 16～31	bit 0～15
Vcap SM1 FIX16.13	Vcap SM0 FIX16.13

（3）子模块状态。每一个 32bit 的数据用于 8 个子模块状态的传输，每个子模块占用 4bit。表 6－4 中数据 276 对应的数量信息量如表 6－7 所示。

表 6－7　　　　　　　　　　数据 276 对应的数据信息量

bit 0	IGBT Short Circuit SM0
bit 1	Over voltage SM0
bit 2	Under－voltage SM0
bit 3	reserved
bit 4～7	states of SM2
…	…
bit 28～31	states of SM7

6.3　换流阀控制保护装置硬件在环试验技术

阀控装置硬件在环试验的主要目的是基于阀控装置实时数字仿真平台，完成阀控装置的全功能验证测试以及出厂试验，检测阀控装置是否满足工程的技术要求以及性能是否稳定。

6.3.1　基本功能试验

阀控装置基本功能试验主要为阀控装置整体上电试验和通信试验；通信试验主要检验阀控装置与 PCP、光 TA、子模块、阀控装置内部通信试验以及阀控装置触发晶闸管试验。

1. 阀控装置整体上电试验

试验目的：阀控装置整体上电试验应按阀控装置上电流程进行，在上电完成后，阀控装置处于正常运行状态。

试验项目及结果见表 6－8。

表 6－8　　　　　　　　阀控装置整体上电试验内容及结果

试验项目	阀控装置接收 PCP 通信状态	SOE 事件
给 PCP 上电	正常	无
给电流控制机箱上电	正常	无
给桥臂汇总控制机箱上电	正常	无
给桥臂分段控制机箱上电	正常	无
给 DB 信号	正常	无
给子模块设备上二次电	正常	无

2. 阀控装置通信试验

（1）阀控装置与 PCP 通信试验。

试验目的：验证阀控装置与 PCP 的通信，包括 PCP 发送控制信息给阀控装置的光纤通信；阀控装置发送回报信息给 PCP 的光纤通信；阀控装置接收 PCP 的主从信号光纤通信。阀控装置与 PCP 均包括 A、B 两套系统，其中 A 系统为主系统，B 系统为从系统。

在阀控装置运行过程中拔掉电流控制机箱接收 PCP 控制信息的光纤，观察阀监视系统（Valve Monitor，VM）发送的信息，通过事件顺序记录（Sequence of Event，SOE）得到通信中断的信息，试验项目及如表 6−9 与图 6−5 所示。

表 6−9　　　　　PCP−A 与阀控装置 A 系统的通信试验项目及结果

试验项目	阀控装置接收 PCP 通信状态	SOE 事件
PCP 给阀控装置电流控制机箱发送光纤连接	正常	无
拔出 PCP 给阀控装置电流控制机箱发送光纤连接	正常变为异常 电流控制机箱变为 Change 状态	电流控制机箱上报 Change； 上报与 PCP 通信消失； 625us 后上报与 PCP 通信故障
恢复 PCP 给阀控装置电流控制机箱发送光纤连接	异常变为正常 电流控制机箱变为正常状态	电流控制机箱上报 Change 消除； 上报与 PCP 通信故障消除
拔出阀控装置给 PCP 电流控制机箱发送光纤连接	正常 电流控制机箱接收到切换指令	通过仿真器观测小孔板，确认与电流机箱通信中断；PCP 下发指令切换电流机箱至 B 系统

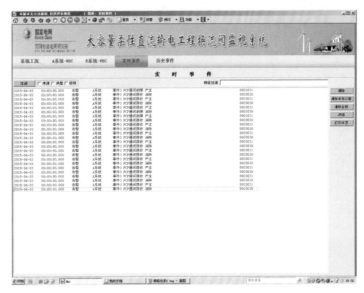

图 6−5　阀控装置与 PCP 通信试验 SOE 事件

（2）阀控装置与光 TA 通信测试试验。

试验目的：验证阀控装置机箱与三组（每组分上下桥臂两路光纤，共计 6 路光纤）光 TA 的通信，通过观察 VM，发送 SOE，判断光 TA 向阀控装置发送信息的正确性。

试验项目及结果如表 6-10 和图 6-6、图 6-7 所示。

表 6-10　　　　光 TA 与阀控装置 A 系统的通信试验项目及结果

试验内容	阀控装置接收 PCP 通信状态	SOE 事件
光 TA 给阀控装置电流控制机箱发送光纤连接正常	正常	无
拔出光 TA 与阀控装置相连的任意一路光纤	正常	电流控制机箱上报对应通道光 TA 通信消失，625us 后上报该通道通信故障
拔出光 TA 与阀控装置相连的三组光纤中任意两组	正常变为异常 电流控制机箱变为 warning 状态	电流控制机箱上报 warning；对应通道光 TA 通信消失，625us 后上报对应通道通信故障
拔出光 TA 与阀控装置相连的三组光纤中各一个光纤	正常变为异常 电流控制机箱变为 Change 状态	电流控制机箱上报 Change；对应通道光 TA 通信消失；625us 后上报对应通道通信故障
恢复光 TA 给阀控装置电流控制机箱发送光纤连接	异常变为正常 电流控制机箱变为正常状态	电流控制机箱上报 Change（或 warning）消除；对应通道通信故障消除

图 6-6　一路光 TA 断通信试验 SOE 事件

图 6-7 三路光 TA 全断通信试验 SOE 事件

（3）阀控装置内部通信测试试验。

试验目的：验证电流控制机箱之间、桥臂电流控制机箱主从之间、桥臂电流控制机箱与桥臂汇总控制机箱之间、桥臂汇总控制机箱与桥臂分段控制机箱之间的通信是否正常。

试验步骤：

1）连接电路，阀控装置上电。

2）上电后系统处于启动状态，PCP 与桥臂电流控制机箱之间通信建立，PCP 和桥臂电流控制机箱的对应通信指示灯分别点亮。桥臂电流控制机箱从机箱显示接收主机箱数据正常的指示灯点亮。桥臂电流控制机箱与桥臂汇总控制机箱之间，以及桥臂汇总控制机箱与桥臂分段控制机箱之间表示通信正常的指示灯分别点亮、桥臂电流控制机箱显示与光 TA 之间通信正常的指示灯点亮。PCP 与阀控装置机箱上的"Trip"指示灯灭。

3）控制回路上电，同时 PCP 下发的解锁信号置"1"，PCP、阀控装置机箱上的"自检正常"指示灯点亮。桥臂分段控制机箱上的与 SMC 之间通信建立指示灯点亮。

4）PCP 下发解锁命令，阀控装置机箱上的"闭锁"指示灯灭，系统进入正常工作状态。在正常工作状态下，任何对应故障所引起的"Trip"信号将不能恢复。

5）停留在此状态 5h，观察各路通信指示灯是否闪烁，观察 PCP、桥臂电流控制机箱上的"Change"指示灯是否闪烁或点亮。另外观察 PCP、阀控装置上的"故障告警"指示灯是否有点亮。

试验项目及结果如表 6-11 所示。

表 6-11   阀控装置内部通信试验项目及结果

试验项目	试验方式	试验结果
桥臂电流控制机箱与桥臂汇总控制机箱之间	下行通信：拔出电流发送汇总机箱光纤	对应汇总机箱 SOE 报电流通信故障事件； 该汇总机箱产生 Change 信号； 电流机箱产生 Change 信号
	上行通信：拔出汇总机箱发送电流光纤	电流机箱 SOE 报对应汇总机箱通信故障事件； 电流机箱产生 Change 信号
桥臂电流控制机箱主从之间	下行通信：拔出 A 系统发送 B 系统机箱光纤	B 系统产生 Warning 信号
	上行通信：拔出 B 系统发送 A 系统机箱光纤	A 系统产生 Warning 信号
桥臂汇总控制机箱与桥臂分段控制机箱之间	下行通信：拔出汇总发送分段机箱光纤	对应分段机箱 SOE 报汇总机箱通信故障事件； 分段及对应汇总机箱产生 Change 事件； 电流机箱产生 Change 事件
	上行通信：拔出分段机箱发送汇总机箱光纤	对应汇总机箱 SOE 报分段机箱通信故障事件； 该汇总机箱产生 Change 事件； 电流机箱产生 Change 事件

（4）阀控装置与子模块通信测试试验。

试验目的：验证阀控装置能够与子模块进行正常的通信；验证阀控装置能够正确地下发执行命令，如闭锁、触发、旁路、开通晶闸管。

试验步骤：

1）阀控装置与子模块相连。

2）阀控装置上电后，在操作台的指令周期下，以正常的通信周期下发命令，子模块分别由两组电源对各自的电容器充电，依次让阀控装置完成对子模块闭锁、交替触发、开通晶闸管、旁路、使能或者撤掉 Dback_en 等试验。试验项目及判据见表 6-12。

表 6-12   阀控装置与子模块通信试验项目及判据

试验项目	观察项目	判据
阀控装置控制 SM 闭锁试验	观察 IGBT、开关触发脉冲	无任何触发
阀控装置触发 SM 试验	观察 IGBT、开关触发脉冲	IGBT 触发交替规律，无其他触发脉冲

续表

试验项目	观察项目	判据
阀控装置触发晶闸管试验	观察 IGBT、开关触发脉冲	THY 正常触发，无其他触发脉冲
阀控装置控制 SM 旁路试验	观察 IGBT、开关触发脉冲	开关闭合，无其他触发脉冲
正常撤 Dback_en 时阀控装置保护性能试验	观察 IGBT、开关触发脉冲	子模块闭锁，正常退出，无旁路
上电即撤 Dback_en 时阀控装置保护性能试验	子模块一上电，20s 内撤 Dback_en	子模块闭锁，正常退出，无旁路

（5）阀控装置触发晶闸管试验。

试验目的：验证阀控装置接收到 PCP 下发的主从状态命令发生变化时，阀控装置执行主从切换，在切换过程中，主从系统保持正常运行。

试验项目及结果如表 6-13 和图 6-8 所示。

表 6-13 　　　　　　　　　阀控装置触发晶闸管试验项目及结果

试验项目	通信状态	SOE 事件
上电主从初始状态		无
主系统发出晶闸管触发试验	PCP 上报事件	产生晶闸管事件；

图 6-8　阀控装置触发晶闸管试验 SOE 事件

6.3.2 控制性能试验

通过在不同模式下验证阀控装置对换流阀整体控制的性能，主要验证以下控制指标：上电过程是否符合设计要求，电容电压平衡控制效果，电流平衡控制性能，交流电压响应速度和控制精度，直流电压控制响应速度和控制精度，无功响应速度和控制精度，阀控装置设备在控制方式切换的响应能力与稳定性。

1. 三相无源逆变试验

三相无源逆变试验的直流侧电压由直流电源提供，交流侧接入 3 个负载电阻或者空载，PCP 和阀控装置负责进行 3 相无源逆变控制与调制功能。三相无源逆变试验设备接线原理图如图 6-9 所示。

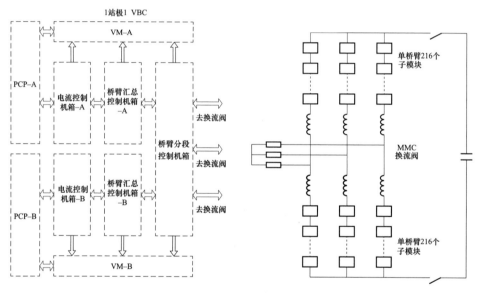

图 6-9 三相无源逆变试验设备接线原理图

实时仿真平台可正常运行，其他辅助设备也均处于正常工作状态。阀控装置本体的三个控制单元（电流单元、汇总单元、分段单元）均为双系统冗余配置，阀监视 VM 单元的上位机、下位机软件及硬件准备齐全。

三相无源逆变试验一次接线图如图 6-10 所示，系统采用带中性线接法，ABC 三相上下桥臂经由桥臂电抗连接至负载电阻。

（1）启动试验。

试验目的：验证阀控装置在三相无源逆变启动过程中，阀控装置设备状态和控制输出是否正确。旨在观测系统解锁过程中，阀控装置各项控制及保护功能的执行结果是否与设计一致，以保证系统能够平稳完成解锁及闭锁功能。

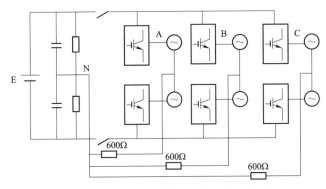

图 6-10　三相无源逆变试验一次接线图

其中，系统解锁试验执行条件为，站控机箱下发解锁后，子模块与阀控装置通信正常，直流源电压升至 500V 后，所有子模块充电电压基本平衡，待 VM 中显示阀控装置具备解锁条件后，可进行解锁试验，由站控下发解锁指令。

直流侧电压 500V 时解锁瞬间三相上桥臂电流波形和三相负载电压波形如图 6-11 和图 6-12 所示。

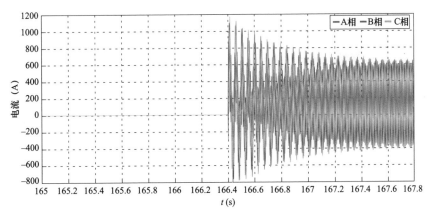

图 6-11　直流侧电压 500V 时解锁瞬间三相上桥臂电流波形

（2）停运试验。

试验目的：验证阀控装置在三相无源逆变退出过程中阀控装置设备运行是否正确。

三相无源逆变停运试验执行条件为，系统解锁后稳定运行过程中（直流电源电压电压 1200V 情况下运行），通过 VM 观测所有子模块电压较为均衡，阀控装置系统未上报故障及 Change 请求，可由小控下发闭锁指令。

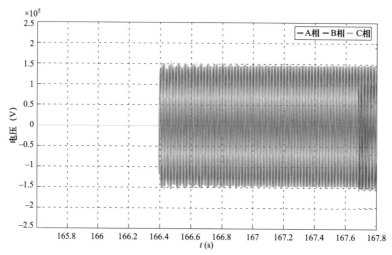

图 6-12 直流侧电压 500V 时解锁瞬间三相负载电压波形

直流侧电压 1200V 时闭锁瞬间三相上桥臂电流波形和三相负载电压波形如图 6-13 和图 6-14 所示。

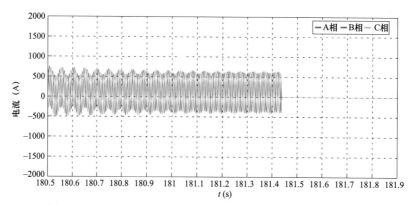

图 6-13 直流侧电压 1200V 时闭锁瞬间三相上桥臂电流波形

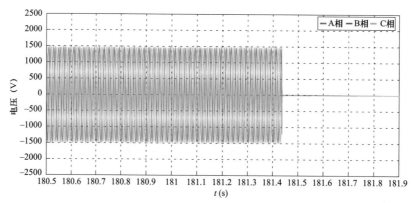

图 6-14 直流侧电压 1200V 时闭锁瞬间三相负载电压波形

（3）稳态运行试验。

试验目的：验证阀控装置在三相无源逆变稳态过程中阀控装置设备运行是否正确。

直流侧电压1200V时三相负载电压波形和A相上下桥臂电流波形如图6-15和图6-16所示。

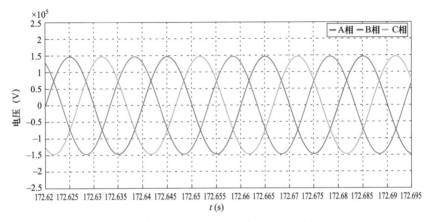

图6-15 直流侧电压1200V时三相负载电压波形

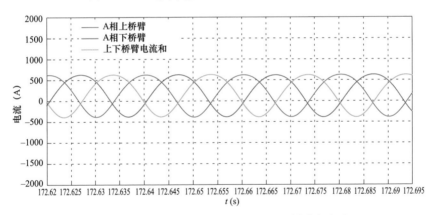

图6-16 直流侧电压1200V时A相上下桥臂电流波形

2. STATCOM 试验

在 STATCOM 试验过程中，交流侧通过变压器接入有源系统，PCP 和阀控装置完成直流电压控制，并实现交流电压控制、无功功率控制或者其他控制方式等。STATCOM 试验原理图如图6-17所示。

在 STATCOM 试验中，小控机箱不再下发固定量值的正弦波形，其下发指令由 STATCOM 控制程序决定。

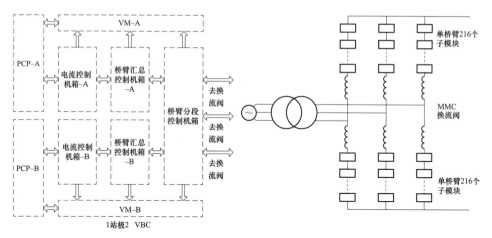

图 6-17　STATCOM 试验原理图

（1）启动试验。

试验目的：根据系统组提供的运行参数，设定启动参数和启动方式，启动 STATCOM。

试验步骤：

1）给 PCP-A 和 PCP-B 系统上电。

2）给阀控装置设备上电。

3）给 PCP-A 和 PCP-B 的 DataBack 置为 1。

4）20s 内给动模子模块二次电源上电。

5）子模块通信正常后，给动模一次设备上电。

6）设置 PCP 设备 STATCOM 运行方式和参数，闭锁命令=0。

7）监测交流电压输出波形，记录波形。

STATCOM 启动试验记录如表 6-14 所示。

表 6-14　　　　　　　　　　　STATCOM 启动试验记录

试验内容	设备状态	试验记录
STATCOM 启动试验		
阀控装置上电，动模阀二次上电，一次上电	正常	
设定 PCP 方式，启动 STATCOM	正常	

试验结果如图 6-18～图 6-25 所示。

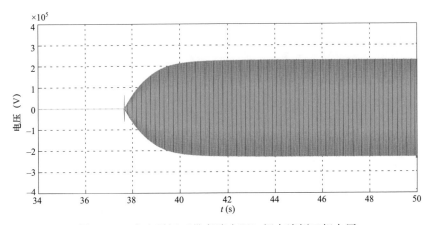

图 6-18　充电瞬间（带旁路电阻）阀交流侧三相电压

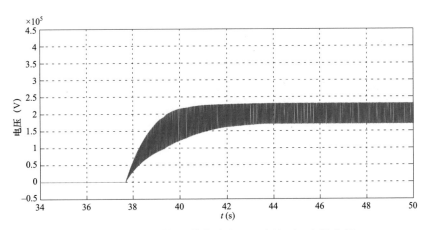

图 6-19　充电瞬间（带旁路电阻）直流正、负极电压

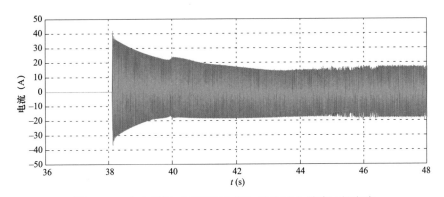

图 6-20　充电瞬间（带旁路电阻）换流阀上桥臂三相电流

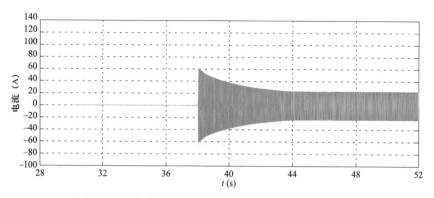

图 6-21　充电瞬间（带旁路电阻）阀交流侧三相电流

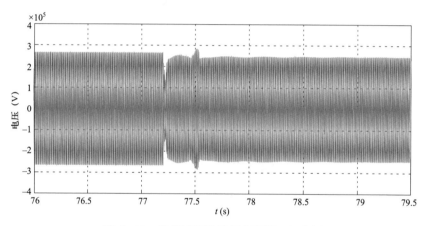

图 6-22　解锁过程换流阀交流侧三相电压

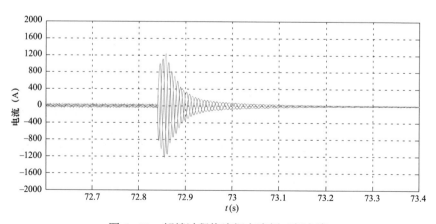

图 6-23　解锁过程换流阀交流侧三相电流

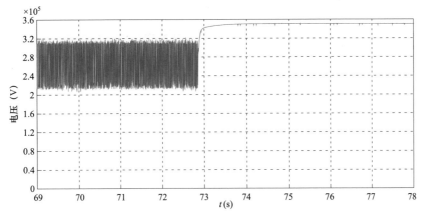

图 6-24 解锁过程直流正、负极电压

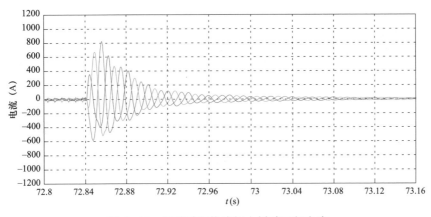

图 6-25 解锁过程换流阀上桥臂三相电流

（2）停运试验。

试验目的：验证阀控装置在 STATCOM 退出过程中阀控装置设备运行是否正确。

试验步骤：

1）设置闭锁命令=1。

2）监测交流电压输出波形，记录波形。

3）给 PCP-A 和 PCP-B 的 DataBack 置为 0。

4）动模一次设备直流侧断电。

5）子模块二次电源断电。

STATCOM 停运试验记录如表 6-15 所示。

表 6-15   STATCOM 停运试验记录

试验内容	设备状态	试验记录
PCP 发出闭锁命令	阀控装置电流机箱 lock 为 1 阀控装置汇总机箱 lock 为 1 阀控装置分段机箱 lock 为 1 记录交流一次侧输出交流电压波形	阀控装置电流机箱 lock 产生 阀控装置汇总机箱 lock 产生 阀控装置分段机箱 lock 产生
PCP 的 DataBack 置 0	阀控装置电流机箱 DataBack 为 0 阀控装置汇总机箱 DataBack 为 0 阀控装置分段机箱 DataBack 为 0	阀控装置电流机箱 DataBack 消失 阀控装置汇总机箱 DataBack 消失 阀控装置分段机箱 DataBack 消失
子模块一次电源断电	PCP、阀控装置及子模块状态正常	无事件
子模块二次电源断电	阀控装置分段机箱子模块通信停止	无事件

试验结果如图 6-26～图 6-29 所示。

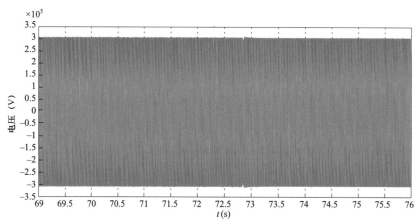

图 6-26　闭锁过程换流阀交流侧三相电压

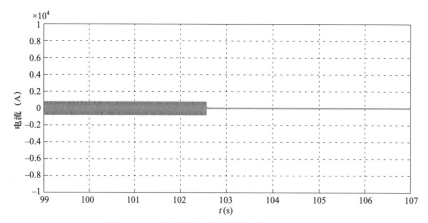

图 6-27　闭锁过程换流阀交流侧三相电流

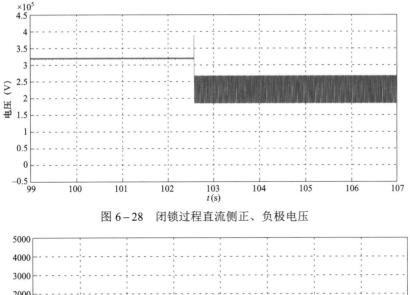

图 6-28 闭锁过程直流侧正、负极电压

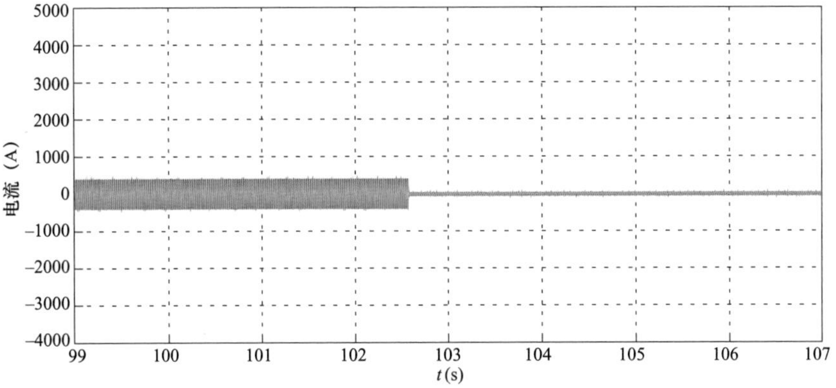

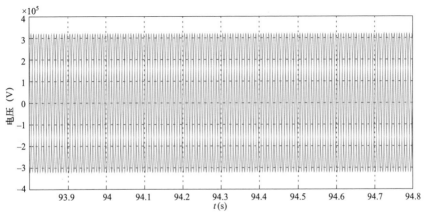

图 6-29 闭锁过程换流阀上桥臂三相电流

（3）稳态运行试验。

试验目的：验证阀控装置在 STATCOM 退出过程中阀控装置设备运行是否正确。

试验结果如图 6-30～图 6-33 所示。

图 6-30 稳态运行换流阀交流侧三相电压

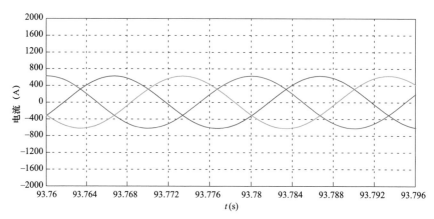

图 6-31　稳态运行换流阀交流侧三相电流

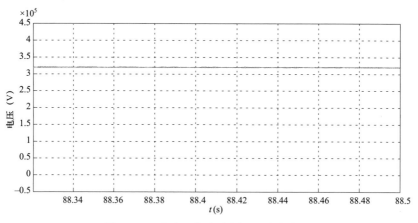

图 6-32　稳态运行直流侧正、负极电压

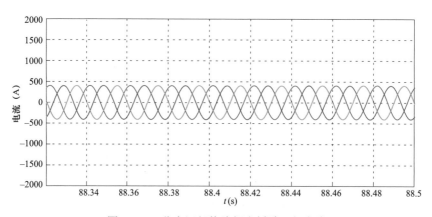

图 6-33　稳态运行换流阀上桥臂三相电流

3. 阀控装置主从切换控制性能试验

试验目的：在无故障运行的情况下，人为制造所有可能的涉及切换的故障，通过观察阀控装置的动作来证明其行为与设计一致。其中，由 PCP 发现故障并切换的情况属于 PCP 主动切换，由 PCP 响应阀控装置的切换请求信号造成的主从切换属于 PCP 被动切换。

（1）PCP 主动切换的试验步骤：

1）阀控装置上电。

2）阀控装置自检通过，合 Dback_en，负载开关，完成正常启动。

3）PCP 发送正弦参考电压给电流机箱，电流机箱再定期把按照 SM 额定电压值调制出来的电平数通过阀控装置桥臂汇总控制机箱传递给阀控装置桥臂分段机箱，由阀控装置桥臂机箱完成电压平衡控制实现无源逆变。直流电源工作，三相负载星型连接，一套 PCP 和两套阀控装置同时工作，一主一从。

（2）PCP 被动切换的试验步骤：

1）阀控装置上电。

2）阀控装置自检通过，合 Dback_en，负载开关，完成正常启动。

3）PCP 发送正弦参考电压给电流机箱，电流机箱再定期把调制出来的电平数给阀控装置桥臂机箱，阀控装置桥臂机箱完成电压平衡控制实现无源逆变。直流电源工作，三相负载星型连接，一套 PCP 和两套阀控装置同时工作，一主一从。

阀控装置主从切换试验项目及方法如表 6-16 所示。

表 6-16　　　　　　　　　阀控装置主从切换试验项目及方法

试验序号	试验项目	试验方法
1	PCP 下发超时	拔光纤
2	PCP 下发数据频繁校验错	发错校验位
3	桥臂分段控制机箱回报超时	拔光纤
4	桥臂机箱回报帧频繁校验错	发错校验位

使阀控装置由于通信超时产生 change 信号，并等待 PCP 的切换，如果 PCP 能在 4ms 内完成切换并切换正常则通过试验，一旦 4ms 内 PCP 不响应切换，阀控装置要求产生跳闸指令（TRIP）。

观察接口板发送的命令间隔并记录，观测输出线电压波形的短时间畸变并记录线电压波形；确保系统没有由于切换出现 TRIP，主从切换时之前的主从系统上报的所有事件如图 6-34 和图 6-35 所示。

图 6-34　主从切换时之前的主系统上报的所有事件

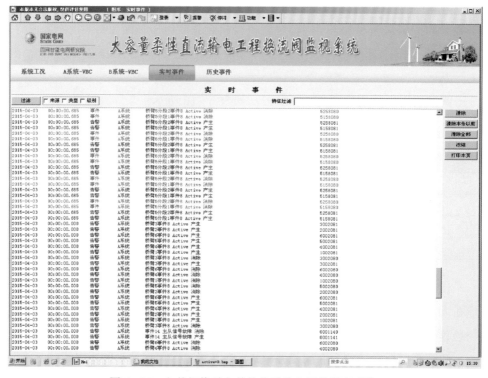

图 6-35　主从切换时之前的从系统上报的所有事件

4. 阀控装置电容电压平衡控制试验

试验目的：基于无源逆变试验，验证电流机箱的调制能力和桥臂控制机箱的电容平衡算法。

试验步骤：

（1）连接电路，阀控装置上电。

（2）阀控装置自检通过，合 Dback_en，负载开关，完成正常启动。

（3）PCP 发送正弦参考电压给电流机箱，电流机箱再定期把按照 SM 额定电压值调制出来的电平数通过阀控装置桥臂汇总控制机箱传递给阀控装置桥臂分段机箱，由阀控装置桥臂机箱完成电压平衡控制实现无源逆变。直流电源工作，三相负载星型连接。

不同电压等级无源逆变试验结果如表 6－17 及图 6－36 所示。

表 6－17　　　　　　　　不同电压等级无源逆变试验结果

直流侧电压值 （V）	分段内电压最大值 （V）	分段内电压最小值 （V）	分段电压和 （V）	差值百分比
400	2.071	1.896	106.45	8.87%
500	2.545	2.421	134.96	4.96%
600	3.045	2.895	162.69	4.97%
700	3.519	3.369	188.7	4.29%
800	4.093	3.868	215.5	5.63%
1000	5.216	4.917	288.77	5.59%
1200	6.19	5.89	325.68	4.97%

注　1. 为保持数据一致性，所有数据均为 A 上第 2 分段电压值数据。

　　2. 差值百分比＝（电压最大值－电压最小值）/（该分段电压和/54）。

　　3. 由于分段上传给汇总的电压值并不完全同步，因此数据存在一定偏差。

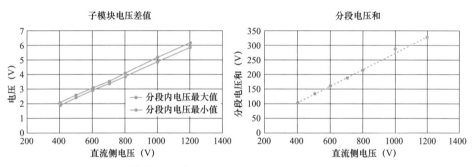

图 6－36　子模块电压差值及分段电压和随电压等级升高的变化情况

6.3.3 故障保护试验

故障保护试验主要检验阀控装置设备对子模块通信故障、换流阀故障、阀控装置设备故障、光 TA 设备故障、桥臂过电流故障等故障的检测与继电保护动作流程，目的是检验阀控装置设备在各种运行模式下设备故障时的动作是否正确执行。

1. 测试阀控装置检测子模块故障与继电保护试验

试验目的：在无故障运行的情况下，人为设置所有可能的 SM 故障，通过观察阀控装置的动作来验证其行为与设计一致。因此需要测试 SM 所有可能故障。

试验步骤：

（1）阀控装置自检通过，合 Dback_en，负载开关，阀控装置自检通过完成正常启动。

（2）PCP 发送正弦参考电压给桥臂电流控制机箱，桥臂电流控制机箱再定期把调制出来的电平数给阀控装置桥臂汇总控制机箱，然后将信号分散，传递给阀控装置桥臂分段控制机箱完成电压平衡控制实现无源逆变。

阀控装置故障保护试验结果如表 6-18 所示，相关 SOE 事件如图 6-37～图 6-39 所示。

表 6-18 阀控装置故障保护试验结果

序号	SM 故障类型	试验方法	试验现象
1	SM 无回报	拔 SM 的发送光纤	VM 显示子模块旁路确认 SOE 事件报子模块无通信
2	SM 报阀控装置–SM 通信故障	拔 SM 的接收光纤	VM 显示子模块旁路确认 SOE 事件报阀控装置–SM 通信故障
3	SM 报过压	人为制造	子模块前面板 BOD 灯亮 VM 显示子模块旁路确认 SOE 事件报阀控装置–SM 通信故障
4	SM 取能电源故障	更改 SMC 程序，人为设置	VM 显示子模块旁路确认 SOE 事件报取能电源故障见图 6-37
5	IGBT 驱动故障	更改 SMC 程序，人为设置	VM 显示子模块旁路确认 SOE 事件报 IGBT 驱动故障见图 6-38
6	SM 报旁路拒动	更改 SMC 程序，人为设置	SOE 事件报子模块旁路拒动 子模块对应分段机箱、汇总机箱以及电流机箱上报 TRIP 系统跳闸；见图 6-39

2015-03-31	03:45:47.248	告警	A系统	桥臂4分段1子模块5事件3 旁路确认状态 产生	4105031
2015-03-31	03:45:47.248	事件	A系统	桥臂4分段1子模块5事件2 在旁路状态 消除	4105020
2015-03-31	03:45:47.037	告警	A系统	桥臂4分段1子模块6事件3 旁路确认状态 产生	4106031
2015-03-31	03:45:47.037	事件	A系统	桥臂4分段1子模块6事件2 在旁路状态 消除	4106020
2015-03-31	03:45:47.512	事故	A系统	桥臂4分段1子模块5事件2 在旁路状态 产生	4105021
2015-03-31	03:45:47.512	事件	A系统	桥臂4分段1子模块5事件1 正常状态 消除	4105010
2015-03-31	03:45:47.302	告警	A系统	桥臂4分段1子模块5事件11 取能电源故障 产生	4105111
2015-03-31	03:45:47.302	事故	A系统	桥臂4分段1子模块6事件2 在旁路状态 产生	4106021
2015-03-31	03:45:47.302	事件	A系统	桥臂4分段1子模块6事件1 正常状态 消除	4106010
2015-03-31	03:45:47.092	告警	A系统	桥臂4分段1子模块6事件11 取能电源故障 产生	4106111

图 6-37 SM 取能电源故障产生的 SOE 事件

图 6-38 IGBT 驱动故障产生的 SOE 事件

图 6-39 SM 报旁路拒合产生的 SOE 事件

2. 阀控装置设备本体故障保护试验

试验目的：设计阀控装置设备故障动作，验证阀控装置动作流程。

试验步骤：

（1）连接电路，阀控装置上电。

（2）按照试验所要求，给 PCP、阀控装置、子模块控制电和一次电源上电，解锁。

（3）分别制造故障，记录波形和 SOE。

1）电流控制机箱与桥臂汇总控制机箱通信故障试验。

试验目的：设计电流控制机箱与桥臂汇总控制机箱通信故障试验，验证阀控装置动作流程。

电流控制机箱与桥臂汇总控制机箱通信故障试验记录如表 6－19 所示。

表 6－19　　　　电流控制机箱与桥臂汇总控制机箱通信故障试验记录

阀控装置设备故障试验		
试验内容	设备状态	试验记录
按照设定方式启动动模平台		
制造主系统电流控制机箱接收汇总控制机箱通信故障	主系统电流控制机箱接收故障 请求切换	产生主系统电流控制机箱接收故障事件 阀控装置产生请求切换 启动录波；记录波形
制造从系统电流控制机箱接收汇总控制机箱通信故障	从系统电流控制机箱接收故障	产生从系统电流控制机箱接收故障 从系统启动录波
制造主从系统电流控制机箱接收汇总控制机箱通信故障	主从系统请求切换； 系统跳闸	启动录波
制造主系统汇总控制机箱接收电流控制机箱通信故障	主系统汇总控制机箱接收电流控制机箱故障 请求切换	产生主系统汇总控制机箱接收电流控制机箱故障事件 阀控装置产生请求切换 启动录波；记录波形
制造从系统汇总控制机箱接收电流控制机箱通信故障	从系统汇总控制机箱接收电流控制机箱故障	产生从系统汇总控制机箱接收电流控制机箱故障事件 从系统启动录波
制造主从系统汇总控制机箱接收电流控制机箱通信故障	主从系统请求跳闸	启动录波

2）桥臂汇总控制机箱与桥臂分段控制机箱通信故障试验。

试验目的：设计桥臂汇总控制机箱与分段控制机箱通信故障试验，验证阀控装置动作流程。

桥臂汇总控制机箱与桥臂分段控制机箱通信故障试验记录如表 6－20 所示。

表 6-20　　　桥臂汇总控制机箱与桥臂分段控制机箱通信故障试验记录

阀控装置设备故障试验		
试验内容	设备状态	试验记录
按照设定方式启动动模平台		
制造主系统桥臂桥臂汇总控制机箱接收分段控制机箱通信故障	主系统汇总控制机箱接收分段控制机箱故障请求切换	产生主系统汇总控制机箱接收分段控制机箱故障事件 阀控装置产生请求切换 启动录波 记录波形
制造从系统桥臂桥臂汇总控制机箱接收分段控制机箱通信故障	从系统汇总控制机箱接收分段控制机箱故障	产生从系统汇总控制机箱接收分段控制机箱故障事件 从系统启动录波
制造主从系统桥臂桥臂汇总控制机箱接收分段控制机箱通信故障	主从系统故障请求切换 闭锁换流阀跳闸	
制造主系统桥臂分段控制机箱接收桥臂汇总控制机箱通信故障	主系统桥臂分段控制机箱接收桥臂汇总控制机箱故障请求切换	产生主系统桥臂分段控制机箱接收桥臂汇总控制机箱故障 阀控装置产生请求切换 启动录波 记录波形
制造从系统桥臂分段控制机箱接收桥臂汇总控制机箱通信故障	从系统桥臂分段控制机箱接收桥臂汇总控制机箱故障	产生从系统桥臂分段控制机箱接收桥臂汇总控制机箱故障 从系统启动录波
制造主从系统桥臂分段控制机箱接收桥臂汇总控制机箱通信故障	主从系统故障请求切换；闭锁换流阀	启动录波

3）桥臂分段控制机箱内部通信故障试验。试验记录如表 6-21 所示，接口板通信故障 SOE 事件如图 6-40 所示。

表 6-21　　　　　　桥臂分段控制机箱内部通信故障试验记录

试验内容	设备状态	试验记录
按照设定方式启动动模平台		
制造其中分段机箱一个接口板故障	阀控装置接口板通信故障	产生阀控装置接口板通信故障；记录事件
制造其中一个核心板故障	阀控装置接口板通信故障系统切换；	产生阀控装置接口板通信故障；记录事件

4）设备电源故障试验。

试验目的：验证在主备用系统断电时，阀控装置处理逻辑的正确性。

阀控装置设备故障试验记录如表 6-22 所示，单电源板供电故障及故障恢复后 SOE 事件如图 6-41 所示。

图 6-40 接口板通信故障 SOE 事件

表 6-22 阀控装置电源故障试验记录

试验内容	设备状态	试验记录
按照设定方式启动动模平台		
阀控装置电流控制机箱、桥臂汇总控制机箱、桥臂分段控制机箱单电源故障	阀控装置电源故障；系统保持不变	产生阀控装置电源故障事件
阀控装置电流控制机箱、桥臂汇总控制机箱双电源故障	阀控装置上报电源故障；系统跳闸	产生阀控装置电源故障事件
阀控装置桥臂分段控制机箱单电源故障	阀控装置上报电源故障；系统保持不变	产生阀控装置电源故障事件
阀控装置桥臂分段控制机箱双电源故障	阀控装置上报电源故障；系统跳闸；子模块不旁路	产生阀控装置电源故障事件

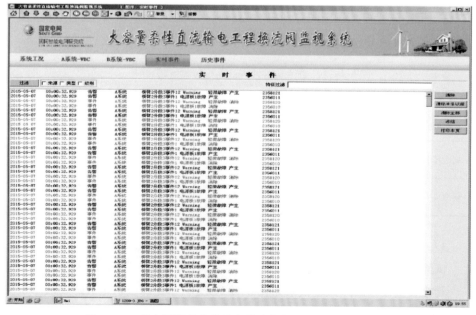

图 6-41 单电源板供电故障及故障恢复后 SOE 事件（一）

图 6-41 单电源板供电故障及故障恢复后 SOE 事件（二）

直流电网控制保护装置数字仿真测试技术

　　柔性直流输电系统控制保护装置作为柔性直流输电系统的核心装备，是实现交直流电能转换的核心控制单元。其功能主要包括控制柔性直流输电系统中交直流电压转换、运行方式切换、功率控制、故障保护及状态监测等，其运行可靠性直接决定了柔性直流输电系统的整体运行情况。

　　单站单极直流控制保护装置的屏柜包括三面直流极控制保护屏和两面交直流场接口屏，如图7-1所示。

　　直流极控制保护屏（Pole Control Protection，PCP屏），包括控制主机、保护主机和三取二单元。其中控制主机和三取二单元采用双冗余配置，保护主机采用三重化冗余配置。控制主机是柔性直流输电系统的控制中心，其功能主要包括交直流场设备的监测与控制、控制策略的运算分析以及各种设备的顺控联锁逻辑处理等。保护主机主要根据输入的模拟量、光TA量等信号，完成交流区、阀区、直流区等区域的各种保护判断，快速隔离故障或者不正常的部件，从而避免整个柔性直流输电系统发生过电压故障或者过电流等故障。三取二单元接收从三套保护主机发送来的保护判断数据，通过三取二逻辑运行输出最终的保护总动作信号。

　　交直流场接口屏简称AFT屏，包括控制模拟量机箱、保护模拟量机箱、DO机箱及DI机箱，且都采用双冗余配置。控制模拟量机箱主要用于采集控制主机使用的电压电流模拟量，与相应的控制主机进行通信。保护模拟量机箱主要用于采集保护主机使用的电压电流模拟量，与相应的保护主机进行通信。DO机箱主要用于将控制主机做出的控制策略发给开关刀闸、阀冷系统等一次设备。DI机箱主要用于接收开关刀闸、阀冷系统等一次设备的状态，发送给控制主机。

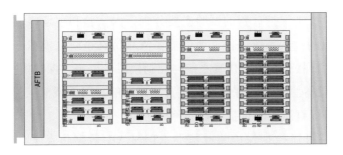

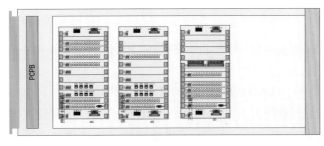

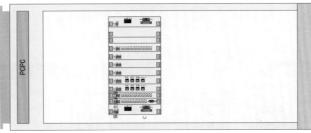

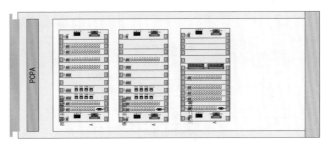

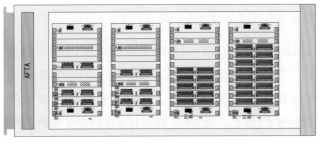

图 7-1 单站单极直流控制保护装置屏柜配置图

柔性直流输电控制保护装置的试验主要分为厂内试验和现场联调，由于厂内试验缺乏电力电网一次系统条件，所以需要依靠仿真系统来模拟一次设备、接线和电力系统运行状态。数字仿真系统与控制模拟量机箱、保护模拟量机箱、DO 机箱及 DI 机箱等直流控制保护接口装置连接通信，用于模拟工程实际的通信接口，以此来验证直流控制保护装置的各种功能。

本章主要介绍直流控制保护装置基于 RT—LAB 数字仿真平台的仿真测试技术。

7.1　控制保护装置数字仿真测试平台总体设计

控制保护系统 RT—LAB 仿真测试平台系统架构如图 7－2 所示，该系统由 CPS5000 控制保护系统及其后台监控 SCADA 系统、功率放大器、信号接口装置、光 TA 模拟装置、RT—LAB 主机数字仿真的换流阀及站交直流场的模型等组成。

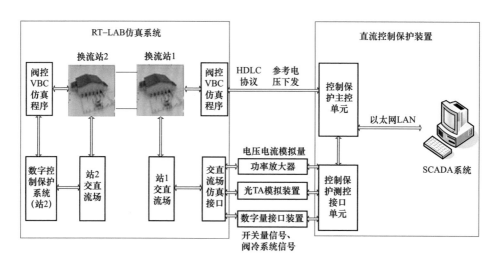

图 7－2　控制保护系统 RT—LAB 仿真测试平台系统架构

在进行 RT—LAB 试验时，RT—LAB 主要模拟交流场、换流变压器、换流阀、直流场等一次设备及其主接线。一次系统各电气节点的系统参数包括电压、电流和断路器、隔离开关的位置状态通过功率放大器及数字信号接口板输出给控制保护系统。控制保护系统的控制和保护信号通过接口装置反馈给 RT—LAB，从而 RT—LAB 和控制保护装置就构成了一个闭环试验系统。

厂内试验时，由 SCADA 系统主机完成运行模式、刀闸分合、功率指令值修改、保护定值及投切等操作和参数输入等功能。控制主机通过光纤下发电压参考波给 RT—LAB 内的阀控装置仿真程序，在 RT—LAB 仿真主机内，由阀控装置仿真程序控制换流阀，由 RT—LAB 仿真主机内的交直流场模型来模拟一次电力系统的状态并通过接口装置反馈出给控制保护测控接口单元。

7.2 控制保护装置与数字仿真系统接口设计

7.2.1 功率放大装置的配置和接口设计

功率放大器是用于将 RT—LAB 仿真模型生成的一次电力系统及换流阀各电气节点的电压及电流数据，通过放大一定的倍数转换成工程额定的电压、电流信号，再通过电信号发送给直流控制保护装置的模拟量采集机箱。

功率放大器同时集成了电压和电流功率模块，可兼做电流功率放大器和电压功率放大器使用。

电流功率放大器是针对电力系统 TA 设计的高精度、大电流、快速响应、线性电流功率放大器。可以将仿真系统输出的小信号放大到 TA 额定值及系统故障水平，以供试验使用，用于测试保护装置及控制设备等。电流功率放大器技术参数如表 7-1 所示。

表 7-1　　　　　　　　　　电流功率放大器技术参数

序号	项目	性能参数
1	额定输出电流	0～30A RMS
2	最大输出功率	>400VA（30A 输出）
3	输入信号	0～7.5VRMS（10.6Vp-p）
4	差分输入阻抗	10kΩ
5	增益	4A/V
6	电流精度	0.2%（0.2～30A）
7	线性度	0.2%
8	相位准确度	0.2
9	失真度	0.2%

续表

序号	项目	性能参数
10	频率范围	DC－5kHz±1dB
11	阶跃响应	<20μs
12	输入输出延时	<20μs

电压功率放大器是针对电力系统 TV 特点设计的高精度、高电压快速响应、线性电压功率放大器。可以将仿真系统输出的小信号放大到 TV 额定值及系统故障水平，以供试验使用，用于测试继电保护装置及控制设备等。电压功率放大器技术参数如表 7－2 所示。

表 7－2　　　　　　　　　电压功率放大器技术参数

序号	项目	性能参数
1	额定输出电流	0～120V RMS
2	最大输出功率	>60VA
3	输入信号	0～6V RMS
4	差分输入阻抗	10kΩ
5	增益	20V/V
6	电流精度	0.2%（1～120V）
7	总谐波失真	0.2%
8	线性度	0.2%
9	相位准确度	0.2
10	频率范围	DC－5kHz±1dB
11	阶跃响应	<20μs
12	输入输出延时	<20μs

功率放大器柜如图 7－3 所示，每一台功率放大器最多可以配置 5 个电压功率放大器和 5 个电流功率放大器。每个电压功率放大器或电流放大器最多可以输出三路电压或电流量。所以，一台功率放大器最多可以输出 15 路电压和电流信号，即 5 个三相交流电压和三相交流电流信号。

图 7-3 功率放大器柜

7.2.2 光 TA 模拟装置的配置和接口设计

RT—LAB 仿真系统通过电信号将仿真模型生成的直流线路电压、电流数据发给光 TA 模拟装置，光 TA 模拟装置按照约定的通信协议将数据重新编码后通过光纤发给直流控制保护装置。直流控制保护装置通过光 TA 信号通信板接收光 TA 信号。光 TA 信号转换示意图如图 7-4 所示。

图 7-4 光 TA 信号转换示意图

光 TA 模拟装置配置示意图如图 7-5 所示，标准 19 寸 4U 机箱，由 4 块采集板卡、2 块光纤发送板卡、1 块核心板卡、1 块电源板卡组成。光 TA 模拟装置是模拟柔直工程现场的 OCT 和合并单元的功能，专门负责采集经霍尔传感器转换的换流阀桥臂电压电流、直流侧电压电流数据，采集到的数据经处理后以特定的通信协议帧，通过光纤的形式分别发送给直流控制保护装置，参与系统的控制和保护功能。

核心板负责接收模拟转换板发送来的数据，数据信号是差分方式，通信采用同步方式，模拟量的转换在模拟板上进行，接收到数据后打包成直流控制保护装置可以接收的通信协议帧，按照定时时间周期发送出去。采用 HDLC 方式，通过底板把发送信号连接到光纤发送板上。核心板原理框图如图 7-6 所示。

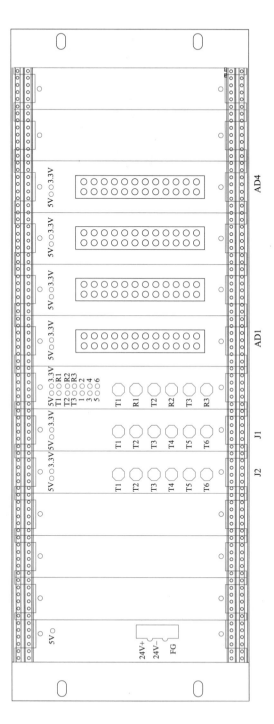

图 7-5 光 TA 模拟装置配置示意图

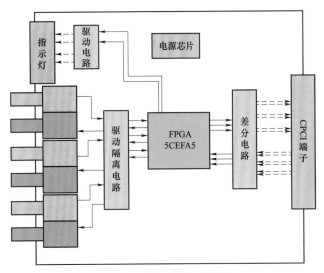

图 7-6 核心板原理框图

每块模拟量采集板可采集 12 路通道间隔离模拟信号，通过连接器与机箱底板连接，完成 12 路 0～25mA 电流信号的采集工作，模拟量采集板工作原理框图如图 7-7 所示。从设备接收的 12 路电信号经 I/V 转换、滤波、A/D 转换后送入 FPGA 芯片，通过背板 LVDS 通信线将数据上传到核心板。

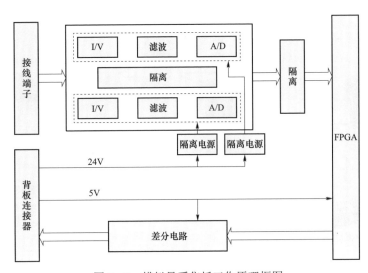

图 7-7 模拟量采集板工作原理框图

光 TA 模拟装置数据上传给直流控制保护装置，单帧通信数据包的格式如表 7-3 所示的。每帧数据包括 8 个字：第一个字是帧头，固定写为 0x0564；第 2～7 为实际的光 TA 采样信号，第 8 个字为循环冗余校验（Cyclic Redundancy Check，CRC）。

表7-3   单帧通信数据包格式

字 \ 位	15bit～0bit
1	帧头（0x0564）
2	采样值1（变比为1，即"1"表示1A）
3	采样值2（变比为1，即"1"表示1A）
4	采样值3（变比为1，即"1"表示1A）
5	采样值4（变比为1，即"1"表示1A）
6	采样值5（变比为1，即"1"表示1A）
7	采样值6（变比为1，即"1"表示1A）
8	CRC

7.2.3 数字量接口装置的配置和接口设计

RT—LAB仿真主机通过数字量接口装置将仿真模型生成的一次电力系统断路器、接触器、阀冷系统等开关刀闸分/合闸位置信号转换成直流控制保护装置可识别的电平信号，同时数字量接口装置将控制保护装置产生的刀闸分/合闸操作指令信号转成RT—LAB仿真主机可识别的电平信号。数字量接口信号转换示意图如图7-8所示。

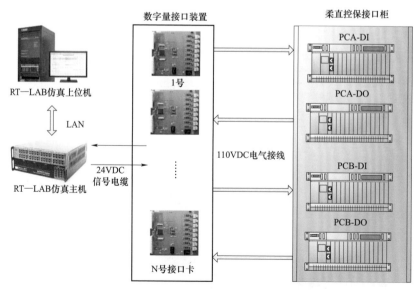

图7-8 数字量接口信号转换示意图

数字量接口装置主要由数字量输入信号转换板和数字量输出信号转换板组成。

数字量输入信号转换板如图 7-9 所示,该板块主要功能是将 RT—LAB 仿真系统输出的直流24V 低压电平信号转换为直流控制保护装置可识别的110V 电平信号。一块数字量输入信号转换板最多可以实现 8 路输入信号的转换。

数字量输出信号转换板如图 7-10 所示,该板块主要功能是将直流控制保护装置输出的 110V 电平信号转换成 RT—LAB 仿真系统可识别的直流 24V 低压电平信号。一块数字量输出信号转换板最多可以实现 9 路输出信号的转换。

图 7-9 数字量输入信号转换板

图 7-10 数字量输出信号转换板

信号接口转换板卡采用光耦隔离,装置若需电源,则两侧信号分别使用电气独立的电源供电。在性能上,数字量接口装置的信号转换响应速度快、延迟小,低压侧和高压侧电气绝缘强度高,电磁兼容性好,可靠耐用功耗低。同时数字量接口装置扩展性强,能根据工程需求变化自由扩展接口卡,增强仿真系统的数字量输入及输出的能力,实现仿真系统的通用性。一个数字量接口装置最多可以配置 8 块信号接口转换板,所以最多可以对 64 路输入信号或者 72 路输出信号进行转换。

7.2.4 与阀控装置通信接口及数据传输协议

直流控制保护装置与阀控装置的通信主要为光纤通信,通信协议和速率服从工程约定,在仿真测试平台里阀控装置系统由 RT—LAB 仿真主机模拟实现。

在直流输电领域,虽然每个柔性直流输电工程的设计都有所不同,对应的换流器阀控装置和控制保护系统也都有差异，但是基于模块化多电平换流器原理的端对端或多端柔直工程的换流机制基本一致，阀控装置与控制保护系统的通信基本内容没有太大差异，直流控制保护装置至阀控装置的通信内容见表 7-4，阀控装置至直流控制保护装置的通信内容见表 7-5。

表 7-4　　　　　　　　直流控制保护装置至阀控装置的通信内容

序号	信号	序号	信号
1	A 相上桥臂参考波	8	冗余系统切换信号
2	A 相下桥臂参考波	9	系统跳闸信号
3	B 相上桥臂参考波	10	换流阀充电信号
4	B 相下桥臂参考波	11	换流阀晶闸管触发信号
5	C 相上桥臂参考波	12	区间信号 1
6	C 相下桥臂参考波	13	区间信号 2
7	换流阀解闭锁信号	…	…

表 7-5　　　　　　　　阀控装置至直流控制保护装置的通信内容

序号	信号	序号	信号
1	A 相上桥臂电容电压和	7	阀控装置正常信号
2	A 相下桥臂电容电压和	8	换流阀子模块正常信号
3	B 相上桥臂电容电压和	9	阀控装置请求冗余系统切换信号
4	B 相下桥臂电容电压和	10	阀控装置请求系统跳闸信号
5	C 相上桥臂电容电压和	11	阀控装置报警信号
6	C 相下桥臂电容电压和	…	…

7.3　控制保护装置与数字仿真系统接口测试技术

7.3.1　试验测试目的

控制保护装置与 RT—LAB 仿真系统接口测试的目的是基于直流控制保护系统 RT—LAB 仿真试验平台，完成直流控制保护系统各种接口通信相关功能的试验验证，检测直流控制保护系统是否满足工程技术要求以及性能是否稳定。试验内容主要针对模拟量信号、光 TA 信号、刀闸输入输出信号、阀冷系统输入输出信号、阀控装置信号等进行试验验证。

7.3.2 试验测试项目

1. 模拟量信号测试

模拟量信号测试主要用于验证控制保护装置数字仿真测试平台的功率放大装置的功能，以及其与直流控制保护装置的控制主机或者保护主机的通信是否正确。

试验步骤如下：

（1）连接好功率放大装置与 RT—LAB 仿真系统和直流控制保护装置的模拟量机箱之间的接线，RT—LAB 仿真系统、功率放大器和直流控制保护系统上电。

（2）直流控制保护装置的控制系统和保护系统都处于运行状态，在 RT—LAB 仿真系统后台界面上修改模拟量的输出值（在项目规定的范围内）。

（3）通过直流控制保护装置的后台监控系统查看运算得到的电压电流量是否与理论算得的数值吻合，并通过查看直流控制保护装置的录波，检查电压电流量波形是否正确。

需要验证的模拟量信号如表 7-6 所示。

表 7-6 需验证的模拟量信号

序号	名称	序号	名称
1	TV1_A	8	TV2_B
2	TV1_B	9	TV2_C
3	TV1_C	10	TA2_A
4	TA1_A	11	TA2_B
5	TA1_B	12	TA2_C
6	TA1_C	…	…
7	TV2_A		

2. 光 TA 信号测试

光 TA 信号测试主要用于检验光 TA 模拟装置的通信功能，以及其与直流控制保护装置的控制主机或者保护主机的通信是否正确。

试验步骤如下：

（1）连接好光 TA 模拟装置与 RT—LAB 仿真系统和直流控制保护装置控制

主机或保护主机之间的接线，RT—LAB 仿真系统、光 TA 模拟装置和直流控制保护装置上电。

（2）直流控制保护装置的控制系统和保护系统都处于运行状态，在 RT—LAB 仿真系统后台界面上修改直流电压电流量的输出值（在额定值的范围内）。

（3）通过直流控制保护装置的后台监控系统查看运算得到的直流电压电流量是否与理论算得的变比值一致，并通过查看直流控制保护装置的录波，检查直流电压电流量波形是否正确。

需要验证的直流电压电流量如表 7-7 所示。

表 7-7　　　　　　　　　　需验证的直流电压电流量

序号	名称	序号	名称
1	TVp	4	TAn
2	TVn	…	…
3	TAp		

3. 刀闸输入输出信号测试

刀闸输入输出信号测试主要用于验证数字量接口装置的功能，以及其与直流控制保护装置的 DO 机箱和 DI 机箱的通信是否正确。

试验步骤如下：

（1）连接好数字量接口装置与 RT—LAB 仿真系统和直流控制保护装置的 DI 板及 DO 板的之间的接线，RT—LAB 仿真系统、DI 机箱、DO 机箱和直流控制保护装置上电。

（2）直流控制保护装置的控制系统和保护系统都处于运行状态，在 RT—LAB 仿真系统后台界面上修改单个刀闸的分合状态。

（3）通过直流控制保护装置的后台监控系统查看相应刀闸的状态，检测是否与 RT—LAB 仿真系统输出的刀闸状态一致，并通过查看直流控制保护装置的录波，验证 DI 板检测到的刀闸状态是否正确。

（4）在直流控制保护装置后台监控界面上遥控单个刀闸的分闸合闸。

（5）通过 RT—LAB 仿真系统后台界面，查看直流控制保护装置输出的刀闸分合状态，验证是否一致。

需要验证的刀闸分合状态如表 7-8 所示。

表 7-8   需验证的刀闸分合状态

序号	名称	序号	名称
1	QF1 分	7	QS3 分
2	QF1 合	8	QS3 合
3	QS1 分	9	QS4 分
4	QS1 合	10	QS4 合
5	QS2 分	…	…
6	QS2 合		

4. 阀冷系统输入输出信号测试

阀冷系统输入输出信号测试主要用于验证控制保护装置数字仿真测试平台的阀冷系统数字量接口装置的功能，以及其与直流控制保护装置的 DO 机箱和 DI 机箱与控制主机之间的通信是否正确。

试验步骤如下：

（1）连接好数字量接口装置与 RT—LAB 仿真系统和直流控制保护装置的 DI 板及 DO 板的之间的接线，RT—LAB 仿真系统、阀冷系统数字量接口装置和直流控制保护装置上电。

（2）直流控制保护装置的控制系统和保护系统都处于运行状态，在 RT—LAB 仿真系统后台界面上修改阀冷系统的信号状态。

（3）通过直流控制保护装置的后台监控系统查看相应阀冷系统信号的状态，检测是否与 RT—LAB 仿真系统输出的阀冷系统信号状态一致。

（4）在直流控制保护装置后台监控界面上遥控阀冷系统切换和启停。

（5）通过 RT—LAB 仿真系统后台界面，查看相应的阀冷系统是否做出正确的动作。

需要验证的阀冷系统信号如表 7-9 所示。

表 7-9   需验证的阀冷系统信号

序号	名称	序号	名称
1	阀冷系统告警	6	阀冷系统停运状态
2	阀冷系统跳闸	7	远程启动阀冷系统
3	阀冷系统请求停运	8	远程停止阀冷系统
4	阀冷系统系统就绪	…	…
5	阀冷系统功率回降		

5. 阀控装置信号测试

阀控装置信号测试主要用于验证阀控装置仿真模型与直流控制保护装置的通信功能。

试验步骤如下：

（1）连接好直流控制保护装置的通信板卡与阀控装置仿真模型之间的光纤，RT—LAB 仿真系统和直流控制保护装置上电。

（2）直流控制保护装置的控制系统和保护系统都处于运行状态，阀控装置仿真模型修改发送的信号状态。

（3）通过直流控制保护装置的后台监控系统查看相应阀控装置信号的状态，检测是否与阀控装置仿真模型发出的信号状态一致。

（4）在直流控制保护装置后台监控系统上切换控制系统的主从，查看阀控装置的主从是否相应的发生切换。

需要验证的阀控装置信号如表 7－10 所示。

表 7－10　　　　　　　　　　需验证的阀控装置信号

序号	名称	序号	名称
1	阀控装置_运行正常	6	阀控装置状态正常
2	阀控装置运行异常	7	阀控装置允许解锁
3	阀控装置请求系统切换	8	阀控装置主从信号
4	阀控装置请求系统跳闸	…	…
5	SM_OK		

7.4　案例分析

以某直流工程为例进行说明。该工程额定直流电压±30kV，两端换流站所连交流系统电压均为 35kV，额定容量 20MVA，直流线路全线采用交联聚乙烯绝缘电缆，全长 8.4km。

系统接入方案如图 7－11 所示。对于柔性直流换流站可以选择两种运行模式，分别为单站静止无功补偿器模式（STATCOM）和两站直流输电模式（HVDC）。对于该工程，通过柔性直流换流站运行模式的转换以及电网中相关变电站的状态调整，可以形成柔性直流输电系统的 4 种运行方式：① 柔性直流系统独立带风机负荷运行；② 交直流并列运行；③ 两站 STATCOM 运行；④ 柔性直流送出负荷。

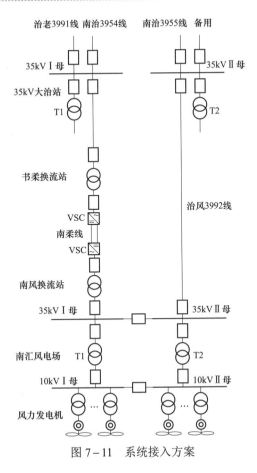

图 7-11 系统接入方案

直流控制保护装置如图 7-12 所示。利用数字仿真测试平台进行控制保护装置测试，测试的项目包括模拟量信号测试、光 TA 信号测试、开关输入输出信号测试、阀冷系统输入输出信号测试以及阀控装置信号测试。

图 7-12 某柔性直流工程单站直流控制保护装置

7.4.1 模拟量信号测试

测试的模拟量信号如表 7－11 所示。总共有 9 路模拟量，配置了一台功率放大器用于试验测试。

表 7－11 　　　　　　　　测 试 的 模 拟 量 信 号

序号	名称	含义
1	TV1_A	A 相网测交流电压
2	TV1_B	B 相网测交流电压
3	TV1_C	C 相网测交流电压
4	TV2_A	A 相换流变副边侧交流电压
5	TV2_B	B 相换流变副边侧交流电压
6	TV2_C	C 相换流变副边侧交流电压
7	TA4_A	A 相换流变副边侧交流电流
8	TA4_B	B 相换流变副边侧交流电流
9	TA4_C	C 相换流变副边侧交流电流

模拟量信号测试波形如图 7－13 所示。

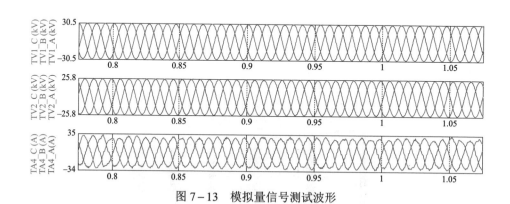

图 7－13　模拟量信号测试波形

7.4.2 光 TA 信号测试

测试的光 TA 信号如表 7－12 所示。总共有 10 路光 TA 信号，配置了一块光 TA 模拟装置用于试验测试。

表 7-12　　　　　　　　　测 试 的 光 TA 信 号

序号	名称	含义
1	UDC_P	正极直流电压
2	UDC_N	负极直流电压
3	IDC_P	正极直流电流
4	IDC_N	负极直流电流
5	TAa1	A 相上桥臂电流
6	TAb1	B 相上桥臂电流
7	TAc1	C 相上桥臂电流
8	TAa2	A 相下桥臂电流
9	TAb2	B 相下桥臂电流
10	TAc2	C 相下桥臂电流

光 TA 信号测试波形如图 7-14 所示。

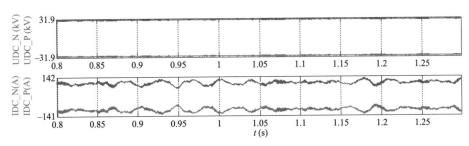

图 7-14　光 TA 信号测试的波形

7.4.3　刀闸输入输出信号测试

测试的刀闸输入输出信号如表 7-13 所示。总共有 42 路刀闸的输入输出信号，配置了 6 块数字量输入信号转换板和 6 块数字量输出信号转换板用于试验测试。

表 7-13　　　　　　　　　测试的刀闸输入输出信号

序号	名称	含义
1	QF1_STATE	1:QF1 合闸；0:QF1 合闸
3	QS1_STATE	1:QS1 合闸；0:QS1 合闸
5	QS2_STATE	1:QS2 合闸；0:QS2 合闸
7	QS3_STATE	1:QS3 合闸；0:QS3 合闸

序号	名称	含义
9	QS4_STATE	1:QS4 合闸；0:QS4 合闸
11	QS5_H_STATE	1:QS5_H 合闸；0:QS5_H 合闸
13	QS6_H_STATE	1:QS6_H 合闸；0:QS6_H 合闸
15	QS7_H_STATE	1:QS7_H 合闸；0:QS7_H 合闸
17	QS5_L_STATE	1:QS5_L 合闸；0:QS5_L 合闸
19	QS6_L_STATE	1:QS6_L 合闸；0:QS6_L 合闸
21	QS7_L_STATE	1:QS7_L 合闸；0:QS7_L 合闸

测试刀闸 QF1 由合闸到分闸的波形，刀闸 QF1 测试波形如图 7-15 所示。

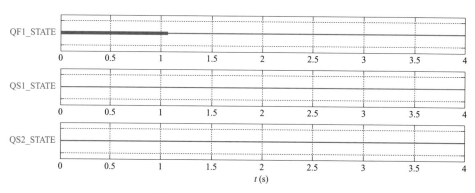

图 7-15　刀闸 QF1 测试的波形

7.4.4　阀冷系统输入输出信号测试

测试的阀冷系统输入输出信号如表 7-14 所示。总共有 10 路阀冷系统的输入输出信号，配置了 2 块数字量输入信号转换板和 2 块数字量输出信号转换板用于试验测试。

表 7-14　　　　　　　　测试的阀冷系统的输入输出信号

序号	名称	含义
1	VCA_ALARM	第一组阀冷系统告警
2	VCA_TRIP	第一组阀冷系统跳闸
3	VCA_Stop	第一组阀冷系统请求停运
4	VCA_Ready	第一组阀冷系统准备就绪

序号	名称	含义
5	VCA_PowerBack	第一组阀冷系统功率回降
6	VCB_ALARM	第二组阀冷系统告警
7	VCB_TRIP	第二组阀冷系统跳闸
8	VCB_Stop	第二组阀冷系统请求停运
9	VCB_Ready	第二组阀冷系统准备就绪
10	VCB_PowerBack	第二组阀冷系统功率回降

阀冷系统就绪信号测试波形如图 7-16 所示。

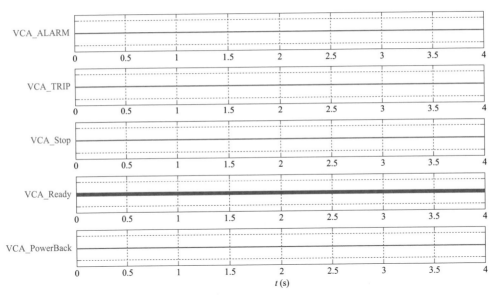

图 7-16　阀冷系统就绪信号测试波形

7.4.5　阀控装置信号测试

测试的阀控装置信号如表 7-15 所示。总共有 14 路阀控装置信号，配置了一块直流控制保护装置的光通信板用于试验测试。

表 7-15　　　　　　　　　　　测试的阀控装置信号

序号	名称	含义
1	阀控装置 A_Ok	第一套阀控装置运行正常
2	阀控装置 A_WARNING	第一套阀控装置告警

序号	名称	含义
3	阀控装置 A_CHANGE	第一套阀控装置请求系统切换
4	阀控装置 A_TRIP	第一套阀控装置请求系统跳闸
5	阀控装置 A_SMOK	第一套阀控装置的 SM 信号正常
6	阀控装置 A_DEBLOCK	第一套阀控装置允许解锁
7	阀控装置 A_ACTIVE	第一套阀控装置主从信号
8	阀控装置 B_Ok	第二套阀控装置运行正常
9	阀控装置 B_WARNING	第二套阀控装置告警
10	阀控装置 B_CHANGE	第二套阀控装置请求系统切换
11	阀控装置 B_TRIP	第二套阀控装置请求系统跳闸
12	阀控装置 B_SMOK	第二套阀控装置的 SM 信号正常
13	阀控装置 B_DEBLOCK	第二套阀控装置允许解锁
14	阀控装置 B_ACTIVE	第二套阀控装置主从信号

阀控装置跳闸信号测试波形如图 7-17 所示。

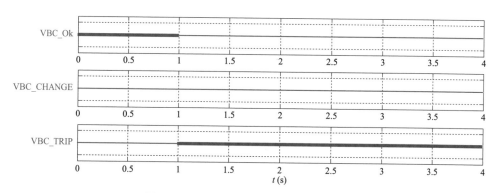

图 7-17　阀控装置跳闸信号测试的波形

8

全系统控制保护装置联合仿真测试技术

为了对直流电网进行系统的仿真测试，在建立各部分仿真测试平台的基础上，构建全系统控制保护装置联合仿真测试系统，对系统运行特性、装置性能进行全面测试。

8.1 全系统控制保护装置联合仿真测试平台总体设计

本节基于实时数字仿真系统的硬件在环测试技术，进行全系统控制保护装置联合仿真测试平台的总体设计，全系统实时数字仿真测试平台总体结构示意图如图 8-1 所示。

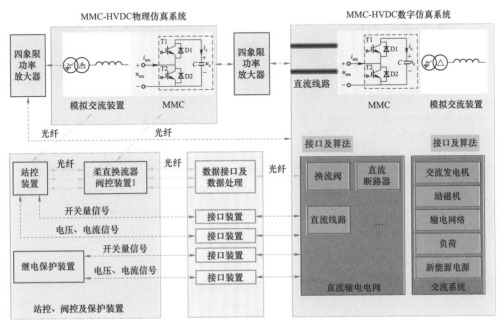

图 8-1　全系统实时数字仿真测试平台总体结构示意图

由图 8-1 中可知,测试平台一端交流系统、换流阀和直流线路基于 RT-LAB 实时仿真平台搭建,一端交流系统、换流阀和直流线路基于物理动模平台搭建,两者经由四象限功率放大器相连;数字仿真系统中换流阀通过光纤经由数据接口及数据处理单元与阀控装置相连,交流系统及直流线路数字仿真部分通过光纤经由接口装置与站控装置及继电保护装置相连;换流阀物理动模经由光纤与阀控装置相连,交流系统物理动模经由光纤与站控装置相连。由此搭建的全系统实时数字仿真测试平台可以通过仿真模拟实际工程中可能出现的各种复杂工况和极端故障,用以准确地测试控制保护系统的性能。

8.2 全系统控制保护装置联合仿真测试与试验

全系统实时数字仿真联合仿真测试与试验工作分为 4 个阶段:

第 1 阶段,控制系统单站 STATCOM 试验。

第 2 阶段,控制系统双站 HVDC 试验。

第 3 阶段,保护系统单站 STATCOM 试验。

第 4 阶段,保护系统双站 HVDC 试验。

8.2.1 试验目的

全系统实时数字仿真系统主要由交流系统数字仿真模型、MMC 主电路模型及阀控装置模型组成。通过在 RT-LAB 仿真系统中建立 MMC 换流阀及阀控装置详细数学模型,能够对柔性直流控制保护设备进行硬件在线测试,以验证其基本控制保护功能及控制特性。

(1)控制性能试验。控制系统试验目的是验证柔性直流输电系统正常运行时各控制功能正常,系统各性能指标满足要求,系统过渡平稳,不会产生较大扰动。

1)验证启动/停运时顺控流程控制功能正常。

2)检验定无功功率类与定有功功率类控制的控制性能。

3)检验有功/无功功率升降过程中控制保护设备的性能。

4)检验有功/无功功率阶跃时控制保护设备的性能。

5)检验功率反转时控制保护设备的性能。

6)检验控制、运行方式切换时控制保护设备的性能。

(2)保护性能试验。保护系统试验目的是验证柔性直流输电系统异常情况下各保护正确动作。

1）验证站内交流系统发生短引线故障时保护正确动作。

2）验证阀区发生故障时保护正确动作。

3）验证直流侧发生故障时保护正确动作。

8.2.2 试验项目

8.2.2.1 控制系统试验项目

试验内容主要针对 STATCOM 和 HVDC 两种运行方式,检验其在启动/停运、有功/无功功率升降、定交流电压/直流电压/无功功率控制、有功/无功功率阶跃、控制方式切换和功率反转等工况时控制保护设备的性能。

1. STATCOM 试验

（1）STATCOM 启动试验。

1）试验目的：检验顺控流程操作的正确性。

2）试验条件：控制器自检正常，且开关位置满足该运行方式下的启动条件,等待启动命令。

3）测试方法：选择运行方式为 STATCOM 状态；执行顺控启动流程，即合闸换流器充电，稳定后旁路启动电阻，稳定后低电压（U_{dc}=550kV）解锁，稳定后将直流电压升至额定值，待直流电压稳定后将功率升至 300Mvar；等待执行结束，监测执行过程中各状态量。

4）试验合格判据：启动平稳正常，不产生大的扰动，系统启动未引起保护误动。

（2）STATCOM 停运试验。

1）试验目的：检验顺控流程操作的正确性。

2）试验条件：控制器自检正常，系统进入稳定运行状态，等待停运命令。

3）测试方法：控制器自检正常，系统进入稳定运行状态，无功功率为 300Mvar，等待停运命令；执行顺控停运流程，即降无功功率至零，稳定后闭锁跳闸；等待执行结束，监测执行过程中各状态量。

4）试验合格判据：停运平稳正常，不产生大的扰动，系统停运未引起保护误动。

（3）STATCOM 无功功率升降试验。

1）试验目的：检验 STATCOM 运行方式下无功功率升降时控制保护设备的性能。

2）试验条件：系统 STATCOM 运行正常，控制方式为定无功功率控制。

3）测试方法：设定发出无功功率定值变化率为0.1p.u./s；将无功设定由0.0p.u.升至0.5p.u.；稳定后，将无功设定降为0.0p.u.；稳定后，将无功设定降至 −0.5p.u.；稳定后，将无功升至0.0p.u.。

4）试验合格判据：定值及其变化率正常可调，系统运行稳定，无功功率稳态控制误差不大于±2%。

（4）STATCOM 定交流电压控制试验。

1）试验目的：检验 STATCOM 运行方式下定交流电压控制的性能。

2）试验条件：系统 STATCOM 运行正常，控制方式为定交流电压控制。

3）测试方法：系统稳态运行，改变交流电压设定值为1.02p.u.；稳定1min，改变交流电压设定值为0.98p.u.。

4）试验合格判据：定交流电压控制应能够根据换流站交流出口处母线电压调整换流站无功功率输出，以平稳系统电压；当控制器交流电压设定值变化时，其系统交流电压应能够根据设定的变化率跟随给定值；换流站无功功率的稳态输出达到功率圆图限值时应自动限幅。

（5）STATCOM 无功功率阶跃试验。

1）试验目的：检验 STATCOM 运行方式下无功功率阶跃时控制保护设备的性能。

2）试验条件：系统 STATCOM 运行正常，系统控制为定无功功率控制。

3）测试方法：换流站定无功功率控制，无功功率从0.0p.u.阶跃至0.4p.u.；稳定后，无功调整至0.3p.u.，再由0.3p.u.阶跃至0p.u.。

4）试验合格判据：无功功率变化超调量小于0.05p.u.，跟踪时间小于10ms，无功功率稳态控制误差不大于±2%。

（6）STATCOM 控制方式切换试验。

1）试验目的：检验 STATCOM 运行方式下定无功功率控制及定交流电压控制方式切换性能。

2）试验条件：系统 STATCOM 运行正常，系统控制为定无功功率控制。

3）测试方法：换流站定无功功率控制，无功功率设定为0.3p.u.；切换换流站控制为定交流电压控制。

4）试验合格判据：系统控制方式能够平稳切换，无功和交流电压控制误差不大于±2%。

2. HVDC 试验

（1）HVDC 启动试验。

1）试验目的：检验顺控流程操作的正确性。

2）试验条件：控制器自检正常，且开关位置满足 HVDC 运行方式下的启动条件，等待启动命令。

3）测试方法：按照 HVDC 模式手动控制进行系统启动流程，即两站分别合闸，换流器充电，稳定后旁路启动电阻；待系统稳定后定直流电压站解锁，直流电压控制在 550kV；稳定后定功率站零功率解锁；稳定后定直流电压站将直流电压升至额定值（$U_{dc}=640kV$）；待直流电压稳定后将有功功率升至 300MW。

从启动命令下发到启动流程完成，如果超过 10min，则终止启动过程。

4）试验合格判据：启动平稳正常，不产生大的扰动，系统启动未引起保护误动。

（2）HVDC 停运试验。

1）试验目的：检验顺控流程操作的正确性。

2）试验条件：系统达到 HVDC 稳定运行状态。

3）测试方法：有功功率传输 300MW 时，按照系统停运流程进行相关停运操作；将功率至 0，稳定后定功率站闭锁跳闸，稳定后定直流电压站闭锁跳闸。

4）试验合格判据：停运平稳正常，不产生大的扰动，系统停运未引起保护误动。

（3）HVDC 有功功率升降试验。

1）试验目的：检验 HVDC 运行方式下有功功率升降时控制保护设备的性能。

2）试验条件：系统 HVDC 运行正常，系统有功功率控制功能正常，运行平稳。两站无功功率为 0p.u.。

3）测试方法：设定有功功率定值变化率为 0.1p.u./s，功率由 0p.u.升至 1p.u.；稳定后，以同样速率降至 0p.u.。

4）试验合格判据：有功功率稳态控制误差不大于 ±2%。

（4）HVDC 无功功率升降试验。

1）试验目的：检验 HVDC 运行方式下无功功率升降时控制保护设备的性能。

2）试验条件：系统 HVDC 运行正常，系统有功功率控制功能正常，运行平稳。有功传输 0.5p.u.。

3）测试方法：设定送端站发出无功功率定值变化率为 0.25p.u./s，由 0.0p.u.升至 0.5p.u.，稳定后以同样的速率降至 0.0p.u.；稳定后，再以同样的变化率，由 0.0p.u.降至 −0.5p.u.，稳定后升至 0.0p.u.。

4）试验合格判据：无功功率稳态控制误差不大于±2%。

（5）HVDC 定直流电压控制试验

1）试验目的：检验 HVDC 运行方式下定直流电压控制的性能。

2）试验条件：系统 HVDC 运行正常，系统有功/无功功率调节能力正常。在功率输送 0p.u.和 0.5p.u.条件下进行试验。

3）测试方法：进入稳态运行工况；将直流电压设定值改为 1.05p.u.；稳定后，降至 0.95p.u.；稳定后，升至 1p.u.。

4）试验合格判据：当控制器设定值按设定值变化时，应能够跟踪其变化率；换流站有功功率的稳态输出达到功率圆图限值时应自动限幅；直流电压控制器应保证稳态控制误差应不大于±2%。

（6）HVDC 定交流电压控制试验。

1）试验目的：检验 HVDC 运行方式下定交流电压控制的性能。

2）试验条件：系统 HVDC 运行正常，系统有功/无功功率调节能力正常。分别在有功功率输送 0p.u.和 0.5p.u.条件下进行。

3）测试方法：将交流电压设定值从 1p.u.升至 1.02p.u.；稳定后，改变设定值为 0.98p.u.；稳定后，改变设定值为 1p.u.。

4）试验合格判据：定交流电压控制应能够根据换流站交流出口处母线电压调整换流站无功功率输出以平稳系统电压；当控制器设定值变化时，应能够设定其变化率；换流站无功功率的稳态输出达到功率圆图限值时应自动限幅。

（7）HVDC 有功功率阶跃试验。

1）试验目的：检验 HVDC 运行方式下有功功率阶跃时控制保护设备的性能。

2）试验条件：系统 HVDC 运行正常，系统有功功率控制功能正常，运行平稳。

3）测试方法：整流站定有功/无功功率控制，逆变站定直流电压/无功功率控制，有功功率从 0.1p.u.阶跃至 0.4p.u.；观察阶跃响应特性，评估阶跃响应时间指标及超调量。

4）试验合格判据：有功功率变化超调量小于 0.05p.u.，跟踪时间小于 10ms，有功功率稳态控制误差不大于±2%。

（8）HVDC 无功功率阶跃试验。

1）试验目的：检验 HVDC 运行方式下有功功率阶跃时控制保护设备的性能。

2）试验条件：系统 HVDC 运行正常，系统无功功率控制功能正常，运行平稳。有功设定为 0.5p.u.。

3）测试方法：整流站定有功/无功功率控制，逆变站定直流电压/无功功率控制，无功功率从 0.0p.u.阶跃到 0.4p.u.；稳定后，无功功率由 0.4p.u.阶跃至 0p.u.；观察阶跃响应特性，评估阶跃响应时间指标及超调量。

4）试验合格判据：无功功率变化超调量小于 0.05p.u.，跟踪时间小于 10ms，无功功率稳态控制误差不大于±2%。

（9）HVDC 功率反转试验

1）试验目的：检验 HVDC 运行方式下功率反转时控制保护设备的性能。

2）试验条件：系统 HVDC 运行正常，系统保持整流站定有功功率/无功功率控制，逆变站定直流电压/无功功率控制。

3）测试方法：有功功率以设定的速率 0.1p.u./s 从 −1p.u.变到 1p.u.。

4）试验合格判据：系统过渡平稳，控制误差不大于±2%。

8.2.2.2　保护系统试验项目

试验内容主要针对 STATCOM 和 HVDC 两种运行方式，在交流区、阀区、直流区发生故障时保护系统动作情况，验证控制保护设备动作的正确性。

仿真测试系统故障点布置如图 8-2 所示，由于两端换流站完全一致，因此仅给出单站主接线。

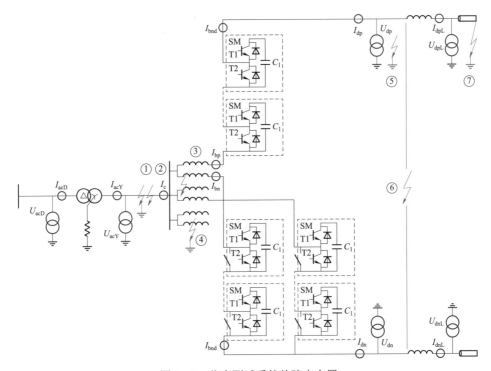

图 8-2　仿真测试系统故障点布置

1. STATCOM 试验

（1）STATCOM 交流区故障试验。

1）单相接地故障试验。

a. 试验目的：验证站内交流系统发生图 8-2 中①处单相接地时，保护逻辑的正确性。

b. 试验条件：一端换流站 STATCOM 稳态运行，运行平稳，且相应保护已投入。

c. 测试方法及判据：手动设定站内交流系统单相接地故障，主保护零序分量检测保护动作；手动屏蔽主保护，后备保护直流电压不平衡二段保护动作，保护逻辑正确。否则保护异常。

2）两相短路故障试验。

a. 试验目的：验证站内交流系统发生图 8-2 中②处两相短路时，验证保护逻辑的正确性。

b. 试验条件：一端换流站 STATCOM 稳态运行，运行平稳，且相应保护已投入。

c. 测试方法及判据：手动设定站内交流系统两相短路故障，主保护短引线差动保护动作，保护逻辑正确。否则保护异常。

（2）STATCOM 阀区故障试验。

1）桥臂电抗相间短路故障试验。

a. 试验目的：验证阀区发生图 8-2 中③处桥臂电抗相间短路时，验证保护逻辑的正确性。

b. 试验条件：一端换流站 STATCOM 稳态运行，运行平稳，且相应保护已投入。

c. 测试方法及判据：手动设定阀区发生桥臂电抗相间短路故障，主保护桥臂电抗差动保护动作，保护逻辑正确。否则保护异常。

2）桥臂电抗器接地故障试验。

a. 试验目的：验证阀区发生图 8-2 中④处桥臂电抗接地时，验证保护逻辑的正确性。

b. 试验条件：一端换流站 STATCOM 稳态运行，运行平稳，且相应保护已投入。

c. 测试方法及判据：手动设定阀区发生桥臂电抗接地故障，主保护零序分量检测保护动作；手动屏蔽主保护，后备保护直流电压不平衡二段保护动作，保护逻辑正确。否则保护异常。

（3）STATCOM 直流区故障试验。

1）直流母线单极接地故障试验。

a. 试验目的：验证直流侧发生图 8−2 中⑤处直流母线单极接地时，验证保护逻辑的正确性。

b. 试验条件：一端换流站 STATCOM 稳态运行，运行平稳，且相应保护已投入。

c. 测试方法及判据：手动设定直流侧发生直流母线单极接地故障，主保护直流电压不平衡保护动作，保护逻辑正确。否则保护异常。

2）直流母线双极短路故障试验。

a. 试验目的：验证直流侧发生图 8−2 中⑥处直流母线双极短路时，验证保护逻辑的正确性。

b. 试验条件：一端换流站 STATCOM 稳态运行，运行平稳，且相应保护已投入。

c. 测试方法及判据：手动设定直流侧发生直流母线双极短路故障，主保护极母线差动保护动作；手动屏蔽主保护，后备保护过流保护与低压保护动作，保护逻辑正确。否则保护异常。

2. HVDC 试验

（1）HVDC 交流区故障试验。

1）单相接地故障试验。

a. 试验目的：验证站内交流系统发生图 8−2 中①处单相接地时，验证保护逻辑的正确性。

b. 试验条件：两端换流站 HVDC 稳态运行，运行平稳，且相应保护已投入。

c. 测试方法及判据：手动设定站内交流系统单相接地故障，主保护短引线差动保护与直流差动保护动作，保护逻辑正确。否则保护异常。

2）两相短路故障试验。

a. 试验目的：验证站内交流系统发生图 8−2 中②处两相短路时，验证保护逻辑的正确性。

b. 试验条件：两端换流站 HVDC 稳态运行，有功功率设定为 0.3p.u.，无功功率为 0.1p.u.，且运行平稳，相应保护已投入。

c. 测试方法及判据：手动设定站内交流系统两相短路故障，主保护短引线差动保护动作，保护逻辑正确。否则保护异常。

（2）HVDC 阀区故障试验。

1）桥臂电抗相间短路故障试验。

a. 试验目的：验证阀区发生图 8−2 中③处桥臂电抗相间短路时，验证保护逻辑的正确性。

b. 试验条件：两端换流站 HVDC 稳态运行，有功功率设定为 0.3p.u.，无功功率为 0.1p.u.，且运行平稳，相应保护已投入。

c. 测试方法及判据：手动设定阀区发生桥臂电抗相间短路故障，主保护桥臂电抗差动保护动作，保护逻辑正确。否则保护异常。

2）桥臂电抗器接地故障试验。

a. 试验目的：验证阀区发生图 8−2 中④处桥臂电抗接地时，验证保护逻辑的正确性。

b. 试验条件：两端换流站 HVDC 稳态运行，有功功率设定为 0.3p.u.，无功功率为 0.1p.u.，且运行平稳，相应保护已投入。

c. 测试方法及判据：手动设定阀区发生桥臂电抗接地故障，主保护桥臂电抗差动保护与直流差动保护动作，保护逻辑正确。否则保护异常。

（3）HVDC 直流区故障试验。

1）直流母线单极接地故障试验。

a. 试验目的：验证直流侧发生图 8−2 中⑤处直流母线单极接地时，验证保护逻辑的正确性。

b. 试验条件：两端换流站 HVDC 稳态运行，运行平稳，且相应保护已投入。

c. 测试方法及判据：手动设定直流侧发生直流母线单极接地故障，主保护极母线差动保护动作；手动屏蔽主保护，后备保护直流电压不平衡保护动作，保护逻辑正确。否则保护异常。

2）直流母线双极短路故障试验。

a. 试验目的：验证直流侧发生图 8−2 中⑥处直流母线双极短路时，验证保护逻辑的正确性。

b. 试验条件：两端换流站 HVDC 稳态运行，运行平稳，且相应保护已投入。

c. 测试方法及判据：手动设定直流侧发生直流母线双极短路故障，主保护极母线差动保护动作；手动屏蔽主保护，后备保护过流保护与低压保护动作，保护逻辑正确，否则保护异常。

3）直流线路单极接地故障试验。

a. 试验目的：验证直流侧发生图 8-2 中⑦处直流线路单极接地时，验证保护逻辑的正确性。

b. 试验条件：两端换流站 HVDC 稳态运行，运行平稳，且相应保护已投入。

c. 测试方法及判据：手动设定直流侧发生直流线路单极接地故障，主保护直流突变量保护动作。保护逻辑正确。否则保护异常。

参 考 文 献

［1］ Gnanarathna Udana N, Gole Aniruddha M., Jayasinghe Rohitha P.Efficient modeling of modular multilevel HVDC converters (MMC) on electromagnetic transient simulation programs [J]. IEEE Transactions on Power Delivery, 2011, 26 (1): 316－324.

［2］ 汤广福，庞辉，贺之渊. 先进交直流输电技术在中国的发展与应用 [J]. 中国电机工程学报，2016，36（07）：1760－1771.

［3］ Li Guoqing, Jiang Shouqi, Xin Yechun, et al. An improved DIM interface algorithm for the MMC-HVDC power hardware in-the-loop simulation system [J]. International Journal of Electrical Power & Energy Systems, 2018, 7 (99): 69－78.

［4］ 李国庆，江守其，辛业春，等. 柔性高压直流输电系统数字物理混合仿真功率接口及其算法 [J]. 中国电机工程学报，2016，36（7）：1915－1924.

［5］ 孙银锋，吴学光，李国庆，等. 基于等时间常数的模块化多电平换流器柔直换流阀动模系统设计 [J]. 中国电机工程学报，2016，36（9）：2428－2437.

［6］ 辛业春，江守其，李国庆，等. 柔性直流输电系统数字物理混合仿真改进阻尼阻抗接口算法 [J]. 电力系统自动化，2016，40（21）：90－96.

［7］ 辛业春，江守其，李国庆，等. 电力系统数字物理混合仿真接口算法综述 [J]. 电力系统自动化，2016，40（15）：160－167.

［8］ 辛业春，王威儒，李国庆，等. 多端柔性直流输电系统数字物理混合仿真技术 [J]. 电网技术，2018，42（12）：3903－3909.

［9］ 江守其，李国庆，辛业春，等. 基于自适应模式切换的 MMC-HVDC 数字物理混合仿真新型接口算法 [J]. 电网技术，2020，44（01）：70－78.

［10］ 许建中，赵成勇，刘文静. 超大规模 MMC 电磁暂态仿真提速模型 [J]. 中国电机工程学报，2013，33（10）：114－120.

［11］ Xu Jianzhong, Zhao Chengyong, Liu Wenjing, et al.Accelerated model of modular multilevel converters in PSCAD/EMTDC [J]. IEEE Transactions on Power Delivery, 2013, 28 (1): 129－136.

［12］ 许建中，徐义良，赵禹辰，等. 多类型子模块 MMC 电磁暂态通用建模和实现方法[J]. 电网技术，2019，43（06）：2039－2048.

［13］ 赵禹辰，徐义良，赵成勇，等. 单端口子模块 MMC 电磁暂态通用等效建模方法 [J]. 中

国电机工程学报，2018，38（16）：4658-4667+4971.

[14] 徐义良，赵成勇，赵禹辰，等.双端口子模块 MMC 电磁暂态通用等效建模方法[J].中国电机工程学报，2018，38（20）：6079-6090.

[15] 熊岩，赵成勇，刘启建，等.模块化多电平换流器实时仿真建模与硬件在环实验[J].电力系统自动化，2016，40（21）：84-89.

[16] 许建中，李承昱，熊岩，等.模块化多电平换流器高效建模方法研究综述[J].中国电机工程学报，2015，35（13）：3381-3392.

[17] 许建中，赵成勇，Aniruddha M.Gole.模块化多电平换流器戴维南等效整体建模方法[J].中国电机工程学报，2015，35（08）：1919-1929.

[18] 赵成勇，刘涛，郭春义，等.基于实时数字仿真器的模块化多电平换流器的建模[J].电网技术，2011，35（11）：85-90.

[19] 管敏渊，徐政.模块化多电平换流器的快速电磁暂态仿真方法[J].电力自动化设备，2012，32（6）：36-40.2012，32（6）：36-40.

[20] Peralta Jaime, Saad Hani, Dennetiere Sebastien, et al.Detailed and averaged models for a 401-level MMC-HVDC system [J]. IEEE Transactions on Power Delivery, 2012, 27 (3): 1501-1508.

[21] Xu Jianzhong, Gole A M, Zhao Chengyong.The use of averaged-value model of modular multilevel converter in DC grid [J]. IEEE Transactions on Power Delivery, 2015, 30 (2): 519-528.

[22] Teeuwsen Simon P.Simplified dynamic model of a voltage-sourced converter with modular multilevel converter design[C]//Power Systems Conference and Exposition.Seattle, WA, USA : IEEE/PES, 2009: 1-6.

[23] Rohner Steffen, Weber Jens, Bernet Steffen.Continuous model of modular multilevel converter with experimental verification[C]//Energy Conversion Congress and Exposition. Phoenix, AZ: IEEE, 2011: 4021-4028.

[24] 何智鹏，许建中，苑宾，等.采用质因子分解法与希尔排序算法的 MMC 电容均压策略[J].中国电机工程学报，2015，35（12）：2980-2988.

[25] Liu Pu, Wang Yue, Cong Wulong, et al.Grouping-sorting-optimized model predictive control for modular multilevel converter with reduced computational load [J]. IEEE Transactions on Power Electronics, 2016, 31 (3): 1896-1907.

[26] Peng Hao, Xie Rui, Wang Kun, et al.A capacitor voltage balancing method with fundamental sorting frequency for modular multilevel converters under staircase modulation [J]. IEEE

Transactions on Power Electronics, 2016, 31 (11): 7809 – 7822.

［27］ 许建中. 模块化多电平换流器电磁暂态高效建模方法研究［D］. 北京：华北电力大学，2014.

Xu Jianzhong.Research on the electromagnetic transient efficient modelling method of Modular Multilevel Converter [D]. Beijing: North China Electric Power University, 2014.

［28］ Marquardt R.Modular Multilevel Converter: An universal concept for HVDC-Networks and extended DC-Bus-applications [C]. Power Electronics Conference (IPEC), 2010.

［29］ Marquardt R.Modular Multilevel Converter Topologies with DC-Short Circuit Current Limitation [C]. 2011 IEEE 8th International Conference on Power Electronics and ECCE Asia (ICPE & ECCE), 2011.

［30］ Yinglin Xue, Zheng Xu, Qingrui Tu.Modulation and Control for a New Hybrid Cascaded Multilevel Converter With DC Blocking Capability.IEEE Transactions on Power Delivery, 2012, 27 (4): 2227 – 2237.

［31］ Kalle Ilves, Franz Taffner, Staffan Norrga, et al.A Submodule Implementation for Parallel Connection of Capacitors in Modular Multilevel Converters [J]. IEEE Transactions on Power Electronics, 2015, 30 (7): 3518 – 3527.

［32］ Wang Xiang, Weixing Lin, Ting An, et al. Equivalent Electromagnetic Transient Simulation Model and Fast Recovery Control of Overhead VSC-HVDC Based on SB-MMC [J]. IEEE Transactions on Power Delivery, 2017, 32 (2): 778 – 788.

［33］ CALLAVIK M, BLOMBERG A, HAFNER J, et al. The hybrid HVDC breaker an innovation breakthrough enabling reliable HVDC grids, ABB Grid Systems, Technical Paper [R]. 2012.

［34］ 周俊，郭剑波，胡涛，等. 高压直流输电系统数字物理动态仿真［J］. 电工技术学报，2012，27（5）：221 – 228.

［35］ 胡涛，朱艺颖，张星，等. 全数字实时仿真装置与物理仿真装置的功率连接技术［J］. 电网技术，2009，34（1）：51 – 55.

［36］ Dione M, Sirois F, Bonnard C H.Evaluation of the Impact of Superconducting Fault Current Limiters on Power System Network Protections Using a RTS-PHIL Methodology [J]. IEEE Transactions on Applied Superconductivity, 2011, 21 (3): 2193 – 2196.

［37］ Bin L, Xin W, Hernan F.A Low-Cost Real-Time Hardware-in-the-Loop Testing Approach of Power Electronics Controls [J]. IEEE Transactions on Industrial Electronics, 2007, 54 (2): 919 – 931.

［38］ Viehweider A, Lauss G, Felix L.Stabilization of Power Hardware-in-the-loop Simulations of

Electric Energy Systems [J]. Simulation Modeling Practice and Theory, 2011, 19 (7): 1699 – 1708.

[39] Yoo I D, Gole A M.Compensating for Interface Equipment Limitations to Improve Simulation Accuracy of Real-Time Power Hardware in the Loop Simulation [J]. IEEE Transactions on Power Delivery, 2012, 27 (3): 1284 – 1291.

[40] 胡涛，朱艺颖，印永华，等．含多回物理直流仿真装置的大电网数模混合仿真建模及研究 [J]．中国电机工程学报，2012，32（7）：68 – 75.

[41] 陈磊，闵勇，叶骏，等．数字物理混合仿真系统的建模及理论分析：（一）系统结构与模型 [J]．电力系统自动化，2009，33（23）：9 – 13.

[42] 陈磊，闵勇，叶骏，等．数字物理混合仿真系统的建模及理论分析：（二）接口稳定性与相移分析 [J]．电力系统自动化，2009，33（24）：26 – 29.

[43] 胡昱宙，张沛超，方陈，等．功率连接型数字物理混合仿真系统：（一）接口算法特性 [J]．电力系统自动化，2013，37（7）：36 – 41.

[44] 胡昱宙，张沛超，包海龙，等．功率连接型数字物理混合仿真系统：（二）适应有源被试系统的新型接口算法 [J]．电力系统自动化，2013，37（8）：76 – 81.

[45] Zaborszky J, Whang K W, Prasad K. Fast Contingency Evaluation Using Concentric Relaxation [J]. Power Apparatus & Systems IEEE Transactions on, 1980, PAS – 99 (1): 28 – 36.

[46] 张海波，张伯明，王俏文，等．不同外网等值模型对 EMS 应用效果影响的试验研究[J]．电网技术，2006，30（3）：1 – 6.

[47] Juan Yu, Mian Zhang, Wenyuan Li, et al. Sufficient and necessary condition of sensitivity consistency in static equivalent methods [J]. IET Generation, Transmission& Distribution, 2015, (7): 603 – 608.

[48] 余娟，张勉，朱柳，等．考虑灵敏度一致性的外网静态等值新理论研究 [J]．中国电机工程学报，2013，33（10）：64 – 70.

[49] Yu J, Zhang M, Li W. Static Equivalent Method Based on Component Particularity Representation and Sensitivity Consistency [J]. IEEE Transactions on Power Systems, 2014, 29 (5): 2400 – 2408.

[50] Mohapatra S, Jang W, Overbye T J. Equivalent Line Limit Calculation for Power System Equivalent Networks [J]. IEEE Transactions on Power Systems, 2014, 29 (5): 2338 – 2346.

[51] Jang W, Mohapatra S, Overbye T J, et al. Line limit preserving power system equivalent[C]// Power and Energy Conference at Illinois. IEEE, 2013: 206 – 212.

[52] 姜涛，张明宇，李雪，等. 基于正交子空间投影的电力系统同调机群辨识 [J]. 电工技术学报，2018，33（09）：2077 – 2088.

[53] 姜涛，贾宏杰，李国庆，等. 基于广域量测信息相关性的电力系统同调辨识 [J]. 电工技术学报，2017，2（01）：1 – 11.

[54] 李国庆，孙银锋，吴学光. 柔性直流输电稳定性分析及控制参数整定 [J]. 电工技术学报，2017，32（06）：231 – 239.

[55] 李雪，姜涛，陈厚合，等. 基于图分割的电力系统同调机群辨识新方法 [J]. 中国电机工程学报，2019，39（23）：6815 – 6825+7095.

[56] P.Ju, L.Q.Ni, F.Wu.Dynamic equivalents of Power System with online measurements, Part 1: Theory [J]. IEE Proceedings-Generation, Transmission and Distribution, 2004, 151 (2): 175 – 178.

[57] 林济铿，闫贻鹏，刘涛，等. 电力系统电磁暂态仿真外部系统等值方法综述 [J]. 电力系统自动化，2012，36（11）：108 – 115.

[58] Ubolli A, Gustavsen B. Comparison of Methods for Rational Approximation of Simulated Time-Domain Responses: ARMA, ZD-VF, and TD-VF [J]. IEEE Transactions on Power Delivery, 2011, 26 (1): 279 – 288.

[59] Hu Y, Wu W, Zhang B. A Semidefinite Programming Model for Passivity Enforcement of Frequency-Dependent Network Equivalents [J]. IEEE Transactions on Power Delivery, 2016, 31 (1): 397 – 399.

[60] Morales-Rodriguez J, Mahseredjian J, Sheshyekani K, et al. Pole-Selective Residue Perturbation Technique for Passivity Enforcement of FDNEs [J]. IEEE Transactions on Power Delivery, 2018: 1 – 1.

[61] Ihlenfeld L P R K, Oliveira G H C, Sans M R. A Data Passivity-Enforcement Preprocessing Approach to Multiport System Modeling [J]. IEEE Transactions on Power Delivery, 2016, 31 (3): 1351 – 1359.

[62] Pordanjani I R, Chung C Y, Mazin H E, et al. A Method to Construct Equivalent Circuit Model From Frequency Responses With Guaranteed Passivity [J]. IEEE Transactions on Power Delivery, 2011, 26 (1): 400 – 409.

[63] Jonas Persson, Kjell Aneros, Jean-Philippe Hasler.Switching A Large Power System Between Fundamental Frequency and Instantaneous Value Mode, ICDS Conference, Vasteras, Sweden, May 1999.

[64] 杨卫东，徐政，韩祯祥. NETOMAC 在直流输电系统仿真研究中的应用 [J]. 电力自动

化设备，2001，21（4）：55－62.

［65］张树卿，梁旭，童陆园，等. 电力系统电磁/机电暂态实时混合仿真的关键技术［J］. 电力系统自动化，2008，32（15）：89－96.

［66］Wang X, Wilson P, Woodford D.Interfacing transient stability program to EMTDC program [C]. Proceedings of International Conference on Power System Technology: Vol 2, October 13－17, 2002, Kunming, China: 1264－1269.

［67］Su H, Chan K K W, Snider L A.Interfacing an electromagnetic SVC model into the transient stability simulation [C]. Proceedings of International Conference on Power System Technology: Vol 3.October 13－17.2002.Kunming, , China: 1568－1572.

［68］Su H T, Chan K W, Snider L A, et al. Recent advancements in electromagnetic and electromechanical hybrid simulation [C]. International Conference on Power System Technology: Vol 2, November 21－24, 2004, Singapore: 1479－1484 .

［69］Su H T, Chan K W, Snider L A. Parallel interaction protocol for electromagnetic and electromechanical hybrid simulation [J]. IEEE Proceedings Generation Transmission & Distribution, 2005, 152 (3): 406－414.

［70］刘文焯，侯俊贤，汤涌，等..考虑不对称故障的机电暂态－电磁暂态混合仿真方法[J]. 电机工程学报，2010，30（13）：8－15.

［71］王栋，童陆园，洪潮. 数字计算机机电暂态与 RTDS 电磁暂态混合实时仿真系统［J］. 电网技术，2008，32（6）：42－46.

［72］Lidong Zhang, Lennart Harnefors, Hans-Peter Nee. Power-Synchronization Control of Grid-Connected Voltage-Source Converters [J]. IEEE Transactions on Power System, 2010, 25 (2): 809－820.

［73］Ali Bidadfar, Hans-Peter Nee, Lidong Zhang, et al. Power System Stability Analysis Using Feedback Control System Modeling Including HVDC Transmission Links [J]. IEEE Transactions on Power System, 2016, 21 (1): 116－124.

［74］Lidong Zhang, Lennart Harnefors, Hans-Peter Nee. Modeling and Control of VSC-HVDC Links Connected to Island Systems [J]. IEEE Transactions on Power System, 2011, 26 (2): 783－793.

［75］Lidong Zhang, Hans-Peter Nee, Lennart Harnefors. Analysis of Stability Limitations of a VSC-HVDC Link Using Power-Synchronization Control [J]. IEEE Transactions on Power System, 2011, 26 (3): 1326－1337.

［76］Yinglin Xue, Zheng Xu, Geng Tang.Self-start control with grouping sequentially precharge for the C-MMC-based HVDC system [J]. IEEE Transactions on Power Delivery, 2014, 29 (1): 187－198.

[77] 汤广福. 基于电压源换流器的高压直流输电技术 [M]. 北京：中国电力出版社，2010.

[78] Jianzhong Xu, Chengyong Zhao. A Backward Euler Method based Thévenin Equivalent Integral Model for Full-bridge Modular Multilevel Converters [J], Electric Power Components and Systems, 44 (3): 313－323, 2016.

[79] 邵玉槐，李肖伟，程晋生. REI 等值法用于多节点配电系统短路电流计算的研究 [J]. 中国电机工程学报，2000，20（4），64－68.

[80] 鞠平，王卫华，谢宏杰，等. 3 区域互联电力系统动态等值的辨识方法 [J]. 中国电机工程学报，2007，27（13）：29－34.

[81] L. Fan and Y. Wehbe, "Extended Kalman filtering-based real-time dynamic state and parameter estimation using PMU data," Elect. PowerSyst. Res., vol. 103, pp. 168–177, Oct. 2013.

[82] Matar M, Iravani R. A Modified Multiport Two-Layer Network Equivalent for the Analysis of Electromagnatic Transients [J]. IEEE Transactions on Power Delivery, 2010, 25 (1): 434－441.

[83] B.Gustavesen. Fast passivity enforcement for pole-residue models by perturbation of residue matrix eigenvalues [J]. IEEE Transactions on Power Delivery, 2008, 23 (4): 2278－2285.

[84] A.Semlyen, B.Gustavesen. A half-size singularity test matrix for fast and reliable passivity assessment of rational models [J]. IEEE Transactions on Power Delivery, 2009, 24 (1): 345－351.

[85] 中国南方电网公司. 交直流电力系统仿真技术 [M]. 北京：中国电力出版社，2007.

[86] Yang D, Ajjarapu V.A decoupled time-domain Simulation method via Invariant subspace partition for power system analysis [J]. EEE Transactions on Power Systems, 2006, 21 (1): 11－18.

[87] Meer A, Gibescu M, Mart A, et al. Advanced Hybrid Transient Stability and EMT Simulation for VSC-HVDC Systems [J]. IEEE Transactions on Power Delivery, 2015, 30 (3): 1057－1066.

[88] 柳勇军，梁旭，闵勇，等. 电力系统机电暂态和电磁暂态混合仿真程序设计和实现[J]. 电力系统自动化，2006，30（12）：53－57.

[89] 柳勇军，梁旭，闵勇，等. 电力系统机电暂态和电磁暂态混合仿真接口算法 [J]. 电力系统自动化，2006，30（11）：44－48.

[90] 张怡，吴文传，张伯明，等.基于频率相关网络等值的电磁－机电暂态解耦混合仿真[J].电机工程学报，2012，32（16）：107－114.

［91］ Guo F, Herrera L, Murawski R, et al. Comprehensive real time simulations of smart grid [J]. IEEE Transactions on Industry Applications, 2013, 49 (2): 899－908.

［92］ 朱琳，葛俊，吴学光，等．一种工程实用的电力系统等值方法［J］．电力自动化设备，2017，37（09）：178－184.

［93］ 林畅，庞辉，常彬，等．基于 FPGA 的直流断路器仿真建模与延时补偿算法［J］．电网技术，2018，42（05）：1417－1423.

［94］ 贺之渊，刘栋，庞辉．柔性直流与直流电网仿真技术研究［J］.电网技术，2018，42（01）：1－12.

［95］ 寇龙泽，刘栋，谷怀广，米志伟，胡祥楠．厦门柔性直流输电工程动模试验与数字仿真［J］．智能电网，2016，4（03）：243－249.

［96］ 吴学光，刘昕，林畅，刘栋．大规模多节点柔性直流控制保护仿真测试方法研究［J］．电网技术，2017，41（10）：3130－3139.

［97］ 朱琳，寇龙泽，刘栋．渝鄂柔性直流输电交直流动态特性及控制保护策略研究［J］．全球能源互联网，2018，1（04）：454－460.

［98］ GB/T 36956—2018，柔性直流输电用电压源换流器阀基控制设备试验［S］.

［99］ 林畅，纪锋，彭逸轩，高路，毛航银，庞辉，刘栋．一种面向实时仿真的两电平 VSC 建模方法［J/OL］．中国电机工程学报：1－9［2021－05－13］.

［100］ 朱琳，谭伟，王佳，寇龙泽．基于 RT-LAB 的机电–电磁暂态混合实时仿真及其在 MMC-HVDC 中的应用［J］．智能电网，2016，4（03）：312－322.

［101］ 刘栋，汤广福，贺之渊，赵岩，庞辉．模块化多电平柔性直流输电数字–模拟混合实时仿真技术［J］．电力自动化设备，2013，33（02）：68－73+80.

［102］ 李国庆，谷怀广，吴学光，刘栋．MMC 功率接口稳定性分析方法及改进措施［J］．电力自动化设备，2016，36（02）：5－10.

索　引